PROBLÈMES

DE

PHYSIQUE

2949-92. — Corbeil. Imprimerie Crété.

COURS D'ÉTUDES SCIENTIFIQUES
A L'USAGE DES CANDIDATS
AU BACCALAURÉAT ÈS SCIENCES ET AUX ÉCOLES DU GOUVERNEMENT

PROBLÈMES
DE
PHYSIQUE

RECUEIL
DE PRINCIPES, FORMULES ET EXERCICES
à l'usage des candidats au baccalauréat ès sciences

PAR
J. DUFAILLY
PROFESSEUR AU COLLÈGE STANISLAS

Dixième édition

PARIS
LIBRAIRIE CH. DELAGRAVE
15, RUE SOUFFLOT, 15
1893

PROBLÈMES DE PHYSIQUE

PRINCIPES. — FORMULES. — EXERCICES.

CHUTE DES CORPS. — PENDULE. — BALANCE.

1. Chute des corps. — Les lois de la chute des corps dans le vide sont renfermées dans les deux formules :

(1) $v = gt,$ (2) $e = \frac{1}{2} gt^2$

dans lesquelles v représente la vitesse acquise au bout du temps t, e l'espace parcouru pendant ce temps et g l'accélération due à la pesanteur (à Paris, $g = 9^m,8088$).

2. Remarque. — Un corps lancé verticalement de bas en haut dans le vide prend sous l'influence de la pesanteur un mouvement uniformément retardé. Les formules relatives à ce mouvement sont en nommant a la vitesse initiale imprimée au corps :

(3) $v = a - gt$ (4) $e = at - \frac{1}{2} gt^2$

3. Application. — *On lance un corps verticalement de bas en haut en lui imprimant une vitesse de 35 mètres par seconde ; quelle sera la durée de sa chute? On fait abstraction de la résistance de l'air et l'on suppose* $g = 9^m,80896$.

Pour déterminer la durée de la chute du corps, il faut d'abord chercher à quelle hauteur il est parvenu au moment où il commence à tomber. Comme à ce moment sa vitesse est nulle, la formule (3) donne $a = gt$ d'où $t = \frac{a}{g}$; remplaçant dans la formule (4) t par sa valeur il vient, réductions faites

$$e = \frac{a^2}{2g}$$

qui représente l'espace que le corps a à parcourir en tombant. Cette valeur étant introduite dans la formule (2), il vient en appelant x l'inconnue de la question

$$\frac{a^2}{2g} = \frac{1}{2} gx^2 \qquad \text{d'où} \qquad x = \frac{a}{g}$$

effectuant enfin après avoir remplacé a par 35 et g par 9,80896, on trouve

$$x = 3^{\text{sec}},568.$$

4. Les lois de la chute des corps se vérifient à l'aide de la machine d'Atwood. En nommant P chacun des deux poids égaux suspendus dans cette machine aux extrémités du fil, p le poids additionnel, et g' l'accélération donnée à tout le système par la pesanteur, on a la relation :

$$(5) \qquad g' = g \times \frac{p}{2P + p}.$$

5. Application. — *Dans une machine d'Atwood les poids égaux valent chacun* 50 *grammes : déterminer la valeur du poids additionnel sachant qu'il a fait parcourir au système* 1^m,08 *en* 3 *secondes.*

Soit x le poids demandé, la formule (5) donne

$$g' = g \times \frac{x}{100 + x}.$$

Mais d'autre part, on a d'après l'énoncé en appliquant la formule (2)

$$1,08 = \frac{1}{2} g' \times 3^2, \qquad \text{d'où l'on tire} \qquad g' = 0,24$$

substituant à g' sa valeur dans l'équation en x et résolvant cette dernière, il vient :

$$x = 2^{\text{gr}},508.$$

6. Pendule. — Les lois relatives aux oscillations du pendule sont renfermées dans la formule

$$t = \pi\sqrt{\frac{l}{g}} \qquad (6)$$

dans laquelle t représente la durée d'une oscillation, π le rapport de la circonférence au diamètre, l la longueur du pendule et g l'intensité de la pesanteur au lieu de l'observation.

7. Balance. — La balance ordinaire est un levier du premier genre. Lorsqu'un levier sollicité par deux forces est en équilibre, ces deux forces sont dans le même plan avec le point d'appui et leurs intensités sont inversement proportionnelles à leurs distances au point d'appui. — Il résulte de là que deux poids qui se font équilibre dans les plateaux d'une balance sont en raison inverse des bras du fléau correspondants.

8. Application. — *On pèse un corps en le mettant dans l'un des plateaux d'une balance, il faut un kilogramme pour lui faire équilibre; on le place ensuite dans l'autre plateau et il faut 1200 grammes pour l'équilibrer. Trouver le poids réel du corps et le rapport des longueurs des deux bras du fléau de la balance.*

Soit x le poids du corps, l, l' les deux bras du fléau, on aura

$$\frac{x}{1000} = \frac{l'}{l} \quad \text{et} \quad \frac{x}{1200} = \frac{l}{l'}$$

multipliant, puis divisant membre à membre, il vient successivement

$$x^2 = 1000 \times 1200 \quad \text{d'où} \quad x = 1095^{\text{gr}}$$

$$\frac{1200}{1000} = \frac{l'^2}{l^2} \quad \text{d'où} \quad \frac{l'}{l} = \frac{\sqrt{6}}{\sqrt{5}}$$

FORMULES $P = VD$, $P = Va\delta$.

9. Pour obtenir le poids d'un corps, on fait usage de la formule

$$P = VD,$$

dans laquelle P représente le poids du corps, V son volume et D sa densité rapportée à celle de l'eau à 4°.

10. Lorsqu'on emploie la formule $P = VD$, il faut bien remarquer que :

Si V est exprimé en		P représente des	
	centimètres cubes,		*grammes*
	décimètres cubes,		*kilogrammes*
	mètres cubes,		*milliers de kilogr.*

11. La formule $P = VD$ est applicable aux gaz, lorsque leur densité est rapportée à celle de l'eau. Mais le plus ordinairement on la prend par rapport à celle de l'air sec à 0° et à la pression 760 ; on se sert alors de la formule

$$P = Va\delta$$

dans laquelle P représente le poids du gaz en question, V son volume exprimé en *litres*, a le poids d'un *litre* d'air sec à 0° et sous la pression 760, et δ la densité du gaz rapportée à celle de l'air.

12. On peut, dans la formule $P = Va\delta$, exprimer V en *mètres cubes* ou *centimètres cubes*, mais alors il faut remplacer a par le poids d'un *mètre cube* ou d'un *centimètre cube* d'air.

13. Des formules $P = VD$, $P = Va\delta$, on déduit les conséquences suivantes :

1° *A volume égal, les poids de deux corps sont directement proportionnels à leurs densités ;*

2° *A densité égale, les poids de deux corps sont directement proportionnels à leurs volumes ;*

3° *A poids égal, les volumes de deux corps sont inversement proportionnels à leurs densités.*

PRINCIPE DE PASCAL. — PRESSE HYDRAULIQUE. — VASES COMMUNIQUANTS.

14. Le principe de Pascal est celui-ci : *Les liquides transmettent également dans tous les sens les pressions exercées en un point quelconque de leur masse.*

15. De là résulte que *les pressions transmises sont proportionnelles aux surfaces pressées.* La presse hydraulique est une application de ce principe qu'il suffit d'exprimer algébriquement pour résoudre certains problèmes.

16. Exemple. — *Dans une presse hydraulique le rayon du petit piston est* $0^m,015$: *quel doit être le rayon du grand pour qu'en pressant sur le petit avec une force de* 8 *kilogr. la pression transmise soit égale à* 850 *kilogr. ?*

On a, en appelant x le rayon demandé

$$\frac{\pi x^2}{\pi \times 0,015^2} = \frac{850}{8} \quad \text{ou} \quad \frac{x^2}{0,015^2} = \frac{850}{8}.$$

On tire de là $x = 0^m,1546$.

17. Les problèmes relatifs aux liquides placés dans des vases communiquants se résolvent en exprimant que *les hauteurs des liquides sont en raison inverse de leurs densités.*

18. Exemple. — *Dans l'une des branches d'un siphon se trouve de l'eau ayant une hauteur de* $1^m,72$; *l'autre branche est remplie d'un liquide dont la hauteur* $= 3^m,91$: *on demande la densité de ce liquide.*

Soit x la densité demandée ; celle de l'eau étant égale à 1, on a

$$\frac{x}{1} = \frac{1,72}{3,91}.$$

Effectuant, on trouve $x = 0,44$.

PRINCIPE D'ARCHIMÈDE. — CORPS FLOTTANTS. — DENSITÉS.

19. Le principe d'Archimède consiste en ce qu'*un corps plongé dans un liquide y perd une partie de son poids égale au poids du liquide qu'il déplace.*

20. Il suit de là que si *un corps plongé dans un liquide y demeure en équilibre ou flotte, son poids est égal au poids du liquide déplacé.*

21. On résout les problèmes relatifs au principe d'Archimède et aux corps flottants en exprimant algébriquement ces conditions.

22. Exemple I. — *Un corps pèse 125 gr. dans l'air et 75 gr. dans l'eau ; que pèsera-t-il dans l'alcool dont la densité est 0,79 ?*

Soit x le poids demandé, il est clair que $x = 125 - p$, p représentant le poids de l'alcool déplacé.

Or, d'après l'énoncé, le corps perd dans l'eau $125 - 75$ ou 50 grammes ; il a donc un volume de 50 cent. cubes, et par suite $p = 50 \times 0,79$.

Donc enfin $x = 125 - 50 \times 0,79 = 85^{gr},50$.

23. Exemple II. — *On plonge dans le mercure un cylindre formé d'un cylindre de fer de 0m,25 de hauteur et d'un cylindre de platine de 0m,05 de hauteur ; de quelle quantité le cylindre s'enfoncera-t-il? La densité du fer = 7,8 celle du platine = 21,2 et celle du mercure = 13,6.*

Soient b la base du cylindre et x la quantité demandée.

Le poids du cylindre est $b \times 25 \times 7,8 + b \times 5 \times 21,2$

Le poids du mercure déplacé est $b \times x \times 13,6$

Donc : $b \times 25 \times 7,8 + b \times 5 \times 21,2 = b \times x \times 13,6$

ou $$25 \times 7,8 + 5 \times 21,2 = x \times 13,6 \qquad (a)$$

On tire de cette équation $x = 22^{centim.},13$.

Remarque. — Au lieu d'appeler b la base du cylindre, on peut la supposer égale à 1 et écrire immédiatement l'équation (a).

24. Exemple III. — *Quel est le rapport des poids de deux boules de fer et de platine qu'il faut attacher ensemble pour que le système se maintienne en équilibre dans le mercure? Dens. fer = 7,8 ; D. platine = 21,2 ; D. mercure = 13,6.*

Soient x le poids du fer, y celui du platine. Le volume du fer est $\frac{x}{7,8}$, celui du platine est $\frac{y}{21,2}$: le volume du mercure déplacé est donc $\frac{x}{7,8}+\frac{y}{21,2}$, et son poids $=\left(\frac{x}{7,8}+\frac{y}{21,2}\right)13,6$.
On a donc

$$x+y=\left(\frac{x}{7,8}+\frac{y}{21,2}\right)13,6.$$

On tire de cette équation $\frac{x}{y}=\frac{5928}{12296}=\frac{741}{1537}$.

25. Les problèmes sur les densités des solides et des liquides se résolvent à l'aide de la formule :

$$\text{Densité}=\frac{\text{Poids du corps}}{\text{Poids d'un égal volume d'eau}},$$

et aussi à l'aide des conséquences de la formule P = VD.

26. Exemple I. — *Un aréomètre de Fahrenheit doit être chargé de 20 gr. pour affleurer dans l'eau à 4° et de 50 gr. pour affleurer dans un liquide dont la densité = 1,45. On demande quelle est la densité d'un liquide dans lequel l'aréomètre affleure lorsqu'il est chargé de 35 gr.*

Soient x la densité demandée et P le poids de l'aréomètre : on a

$$x=\frac{P+35}{P+20}.$$

Mais on a aussi, d'après l'énoncé : $1,45=\frac{P+50}{P+20}$.

Tirant de cette dernière équation la valeur de P et la substituant dans la première, on trouve

$$x=1,225.$$

27. Exemple II. — *Un aréomètre de Beaumé à tige bien*

cylindrique s'enfonce jusqu'à la 66° division dans de l'acide sulfurique dont la densité = 1, 8. On demande quelle est la densité de l'eau salée qui a servi à graduer l'instrument et quel est le rapport du volume d'une division au volume de l'aréomètre jusqu'au zéro.

Soient x la densité demandée et V le volume de l'aréomètre jusqu'au zéro supposé évalué en prenant pour unité le volume d'une division. On sait que pour graduer un pèse-acide, l'on marque 15 au point de la tige qui affleure dans l'eau salée. Ceci posé, le poids du liquide déplacé par l'instrument est toujours le même ; or, à poids égal, les volumes sont en raison inverse des densités. On a donc

$$\frac{V}{V-66}=\frac{1{,}8}{1} \quad \text{et} \quad \frac{V}{V-15}=\frac{x}{1}.$$

Ces équations donnent $x = 1{,}11$, $V = 148{,}5$.

De la valeur de V on déduit que le rapport demandé $= \frac{1}{148{,}5}$ ou $= \frac{2}{297}$.

PRESSION ATMOSPHÉRIQUE.

28. La pression atmosphérique sur une surface donnée s'évalue en unités de poids en multipliant la surface pressée par la hauteur du baromètre et la densité du mercure.

Exemple. — *Évaluer en kilogrammes la pression exercée par l'atmosphère sur un cercle de* 0^{m},1 *de rayon, le baromètre marquant* 75 *et la densité du mercure étant* 13,59.

La pression demandée est celle d'une colonne de mercure dont la base est 3,1416 et la hauteur 7,5 (en prenant le décimètre pour unité). On a donc, en appliquant la formule P=VD,

$$x = 3{,}1416 \times 7{,}5 \times 13{,}59 = 320^{k}{,}207.$$

29. On a quelquefois à évaluer en hauteur de mercure la pression exercée par une colonne d'un liquide différent. Il suffit alors de remarquer que les hauteurs des deux liquides sont en raison inverse des densités, puisqu'il s'agit d'une même pression, c'est-à-dire d'un même poids, sur une surface déterminée.

30. Exemple. — *On descend une vessie pleine d'air au fond d'un lac de 9 mètres de profondeur et dont l'eau a pour densité* 1,1. *Évaluer en centimètres de mercure la pression supportée par la vessie. Le baromètre marque* 76 *et la densité du mercure est* 13,59.

La pression demandée est égale à 76 de mercure plus une colonne d'eau de 9 mètres de hauteur. En appelant x la hauteur en centimètres de la colonne de mercure qui a le même poids, on a

$$\frac{x}{900}=\frac{1,1}{13,59}.$$

On tire de là $x = 72,84$.

La pression demandée est donc $76 + 72,84 = 148^{c},84$ de mercure.

LOI DE MARIOTTE.

31. Énoncé de la loi. *A température égale, les volumes d'une même masse gazeuse sèche sont en raison inverse des pressions qu'elle supporte.*

On a donc, V et V′ étant les volumes correspondants aux pressions H, H′,

$$\frac{V}{V'}=\frac{H'}{H}.$$

32. Le poids de la masse gazeuse restant le même, les volumes qu'elle prend sont en raison inverse des densités correspondantes; donc $\frac{V}{V'}=\frac{D'}{D}$. Il en résulte que

$$\frac{D}{D'}=\frac{H}{H'},$$

c'est-à-dire que les *densités d'un gaz soumis à des pressions différentes sont directement proportionnelles à ces pressions.*

33. Si l'on considère deux volumes égaux d'un gaz soumis à des pressions différentes, les poids seront proportionnels aux densités; donc $\frac{P}{P'}=\frac{D}{D'}$, mais $\frac{D}{D'}=\frac{H}{H'}$; donc

$$\frac{P}{P'}=\frac{H}{H'},$$

c'est-à-dire que *les poids de deux volumes égaux d'un même gaz soumis à des pressions différentes sont directement proportionnels à ces pressions.*

34. Application. — *Un ballon de 10 litres plein d'air à 760 est mis en communication avec un ballon vide de 8 litres; on demande le poids de l'air qui reste dans le 1er ballon, sachant que 1 litre d'air sec à 0° et 760 pèse 1gr,293.*

Soient x le poids demandé et H la pression de l'air après que les deux ballons ont été mis en communication.

Si la pression de l'air restant dans le 1er était 760, le poids de cet air serait $10 \times 1,293$; or, à volume égal, les poids sont directement proportionnels aux pressions ; donc

$$\frac{x}{10 \times 1,293} = \frac{H}{760}. \qquad (a)$$

Mais lorsque l'air occupait un volume de 10 litres, sa pression était 760 et elle est devenue H lorsqu'il s'est répandu dans les deux ballons, c'est-à-dire lorsqu'il a pris un volume de 18 litres ; donc en vertu de la loi de Mariotte

$$\frac{H}{760} = \frac{10}{18}.$$

Comparant cette dernière équation à l'équation (a), on trouve

$$\frac{x}{10 \times 1,293} = \frac{10}{18};$$

d'où l'on tire, après calculs faits, $x = 7^{gr},183$.

MANOMÈTRE A AIR COMPRIMÉ.

35. La tension du gaz ou de la vapeur en communication avec un manomètre à air comprimé, est égale à la hauteur de la colonne de mercure soulevée dans le tube, plus la tension de l'air renfermé au-dessus.

36. Supposons le tube du manomètre bien cylindrique et

soient : P la tension du gaz ou de la vapeur en communication avec le manomètre, h la hauteur de la colonne de mercure soulevée dans le tube, t la tension de l'air au-dessus, l la longueur du tube occupée par l'air à la pression extérieure H.

On a d'abord

$$P = h + t;$$

mais, d'après la loi de Mariotte,

$$\frac{t}{H} = \frac{l}{l-h}, \quad \text{d'où} \quad t = \frac{lH}{l-h}.$$

Substituant, il vient

$$P = h + \frac{lH}{l-h}.$$

37. Les problèmes sur le manomètre à air comprimé se traitent en suivant la marche qui précède.

Exemple. — *Le volume d'air de l'éprouvette d'une machine de compression est égal à 152 parties ; par le jeu de la machine il se réduit à 37 parties, et le mercure s'élève dans le tube de 48 centim. Dans quel rapport s'est accrue la quantité d'air du récipient?*

Soient x la pression dans la machine et t la tension de l'air comprimé dans l'éprouvette ; on a

$$x = 48 + t.$$

Mais, d'après l'énoncé,

$$\frac{t}{76} = \frac{152}{37}, \quad \text{d'où} \quad t = \frac{152 \times 76}{37}.$$

Remplaçant t par sa valeur et effectuant, on trouve

$$x = 360.$$

Or la pression primitive dans la machine était 76, donc la quantité d'air qu'elle contient s'est accrue dans le rapport de 360 à 76.

MACHINE PNEUMATIQUE.

38. Soient V le volume du récipient d'une machine pneumatique, v celui du corps de pompe, et H la pression de l'air renfermé dans le récipient au moment où l'on commence à faire jouer la machine.

Lorsque le piston est arrivé à l'extrémité supérieure du corps de pompe, le volume occupé par l'air devient $V+v$: on a donc d'après la loi de Mariotte, en appelant H_1 la tension qu'il possède alors,

$$\frac{H_1}{H}=\frac{V}{V+v},$$

d où l'on tire

$$H_1=H\times\frac{V}{V+v}.$$

H_1 représente évidemment la tension de l'air du récipient après le 1er coup de piston. On trouverait de même, en appelant H_2, H_3, ... H_n les tensions de cet air après 2, 3, ... n coups de piston

$$H_2=H_1\times\frac{V}{V+v}$$

$$H_3=H_2\times\frac{V}{V+v}$$

. . . .

$$H_n=H_{n-1}\times\frac{V}{V+v}.$$

Multipliant membre à membre et supprimant les facteurs communs, il vient

$$H_n=H\left(\frac{V}{V+v}\right)^n.$$

39. On peut établir une relation entre les densités ou les poids de l'air qui se trouve dans le récipient avant qu'on mette la machine en jeu, et après qu'on a donné n coups de piston, en se basant sur ce que les densités et les poids des gaz sont directement proportionnels aux pressions. Partant de là, on a, en appelant D, D_n ; P, P_n, les densités et poids dont il s'agit,

$$D_n=D\left(\frac{V}{V+v}\right)^n,\quad P_n=P\left(\frac{V}{V+v}\right)^n$$

40. C'est à l'aide de ces formules que l'on résout les problèmes sur la machine pneumatique.

Exemple. — *Le récipient d'une machine pneumatique a 12 litres de capacité. Le volume du corps de pompe est 1 litre : on demande la pression après 4 coups de piston et la quantité d'air expulsé. On supposera la pression primitive égale à* 76.

Pour avoir la pression demandée, il suffit d'appliquer la formule $H_n = H\left(\frac{V}{V+v}\right)^n$, qui donne ici

$$H_4 = 76 \times \left(\frac{12}{13}\right)^4 = 55,18.$$

Pour avoir la quantité, c'est-à-dire le poids de l'air expulsé, il faut calculer le poids de l'air qui reste et le retrancher du poids primitif, lequel est

$$12 \times 1^{gr},293 = 15^{gr},516.$$

Or le poids restant est :

$$12 \times 1,293 \times \left(\frac{12}{13}\right)^4 = 11^{gr},265.$$

Donc la quantité expulsée est :

$$15,516 - 11,265 = 4^{gr},251.$$

Remarque. — On peut obtenir plus simplement le poids de l'air expulsé. En effet, on a (33)

$$\frac{15,516}{P_4} = \frac{76}{55,18}, \quad \text{d'où} \quad \frac{15,516 - P_4}{15,516} = \frac{76 - 55,18}{76};$$

mais $15,516 - P_4$ est précisément le poids demandé, donc

$$\text{poids air sorti} = 15,516 \times \frac{76 - 55,18}{76} = 4^{gr},251.$$

MACHINE DE COMPRESSION.

41. Soient V le volume du récipient d'une machine de compression, v celui du corps de pompe, H la pression primitive dans le récipient, *cette pression étant supposée égale à la pression atmosphérique.*

Au bout de n coups de piston, on a introduit une quantité d'air dont le volume est nv. Il y a donc alors dans le récipient un volume V d'air à une pression H_n qui, à la pression H, occuperait un espace égal à $V + nv$. Donc, en vertu de la loi de Mariotte,

$$\frac{H_n}{H} = \frac{V + nv}{V}, \quad \text{d'où} \quad H_n = H \times \frac{V + nv}{V}. \quad (a)$$

42. Il est essentiel de remarquer que la formule (*a*) ne peut servir lorsque la pression primitive, dans le récipient, est autre que la pression atmosphérique. Dans ce cas (45), on a recours à la loi de Dalton, dont l'énoncé suit (43).

MÉLANGES DES GAZ.

43. *Loi de Dalton. Dans un mélange de plusieurs gaz, la pression exercée par chacun d'eux est la même que s'il était seul.*

La pression du mélange est donc égale à la somme des pressions des gaz mélangés, chacune d'elles étant rapportée au volume total.

44. Soit $v, v', v'', \ldots\ldots$ des volumes de gaz à des pressions $h, h', h'', \ldots$ Supposons que l'on mélange ces gaz dans un milieu de capacité invariable V. Rapportées à ce volume, les pressions $h, h', h'', \ldots$ deviendront, d'après la loi de Mariotte,

$$h \times \frac{v}{V}, \quad h' \times \frac{v'}{V}, \quad h'' \times \frac{v''}{V}, \ldots\ldots$$

Et la pression totale sera

$$H = \frac{hv + h'v' + h''v'' + \ldots\ldots}{V}.$$

45. Application. — *Une pompe aspire l'air d'un récipient dont la capacité est 20 litres et l'envoie dans un vase dont le volume est 5 litres ; le volume du corps de pompe est 2 litres.*

On demande la pression dans le récipient et dans le vase après 2 coups de piston. On supposera la pression primitive égale à 76.

Après le 1er coup de piston, la pression dans le récipient est $76 \times \frac{20}{22}$, et après le second, $76 \times \left(\frac{20}{22}\right)^2 = 62,8$.

Après le premier coup de piston, la pression dans le vase est $76 + 76 \times \frac{20}{22} \times \frac{2}{5}$, car on y a introduit 2 litres d'air à la pression $76 \times \frac{20}{22}$ qui ont pris un volume de 5 litres.

De même la pression après le 2e coup est

$$76 + 76 \times \frac{20}{22} \times \frac{2}{5} + 76 \times \left(\frac{20}{22}\right)^2 \times \frac{2}{5} = 128,7.$$

POIDS DES CORPS DANS L'AIR.

46. Le principe d'Archimède est applicable aux gaz, c'est-à-dire qu'*un corps perd dans l'air une partie de son poids égale au poids de l'air déplacé*. Ainsi le poids réel d'un corps est égal à son poids dans l'air plus le poids de l'air déplacé, d'où il résulte immédiatement que le poids du corps dans l'air est égal à son poids réel, moins le poids de l'air déplacé.

47. Application. — *Pour faire équilibre au poids d'un lingot de platine placé dans le plateau d'une balance, on a mis dans l'autre plateau un poids de 25 gr. en laiton. Quel poids aurait-il fallu mettre si l'on avait pesé dans le vide? Dens. platine = 21,2. Dens. laiton = 8,8. Poids d'un litre d'air = 1gr,293.*

Remarquons d'abord que par un poids de 25 gr. en laiton, il faut entendre *un poids marqué, c'est-à-dire pesé dans le vide.*

Ceci posé, soit x le poids réel du platine en grammes, son volume est en centimètres cubes $\frac{x}{21,2}$, et par suite le poids de l'air qu'il déplace est $\frac{x}{21,2} \times 0^{gr},001293$ (puisqu'un litre d'air pèse $1^{gr},293$, un centimètre cube pèse mille fois moins, c'est-à-dire $0^{gr},001293$).

Le poids du platine dans l'air est donc

$$x - \frac{x}{21,2} \times 0,001293.$$

D'autre part, le poids du laiton dans l'air est

$$25 - \frac{25}{8,8} \times 0,001293.$$

Comme d'après l'énoncé ces deux poids sont égaux, on a

$$x - \frac{x}{21,2} \times 0,001293 = 25 - \frac{25}{8,8} \times 0,001293.$$

On tire de cette équation $x = 24^{gr},997$.

AÉROSTATS.

48. Les problèmes sur les aérostats se traitent en exprimant que *la force ascensionnelle est égale au poids de l'air déplacé par l'appareil, moins le poids de celui-ci* (gaz, enveloppe, agrès).

49. Soient R le rayon d'un ballon sphérique exprimé en décimètres, δ la densité du gaz qu'il renferme, a le poids d'un litre d'air sec à 0° et à 760, p le poids en grammes d'un décimètre carré de l'enveloppe, P le poids des agrès et f la force ascensionnelle, on a

$$f = \frac{4}{3}\pi R^3 a - \left(\frac{4}{3}\pi R^3 a\delta + 4\pi R^2 p + P\right).$$

50. Exemple I. — *On demande ce que doit peser par mètre carré l'enveloppe d'un ballon sphérique de* 0^m^,2 *de rayon pour que ce ballon rempli d'hydrogène de densité* 0,0693 *ait une force ascensionnelle de* 5 *gr. On sait que* 1 *litre d'air pèse* $1^{gr},293$.

Soit x le poids d'un décimètre carré de l'enveloppe.

Le poids du ballon est

$$\frac{4}{3} \times \pi 2^3 \times 1,293 \times 0,0693 + 4\pi \times 2^2 \times x.$$

Le poids de l'air déplacé est $\frac{4}{3}\pi\times 2^3\times 1,293$.

Donc

$$5=\frac{4}{3}\pi\times 2^3\times 1,293-\left(\frac{4}{3}\pi\times 2^3\times 1,923\times 0,0693+4\pi\times 2^2\times x\right).$$

On tire de cette équation $x = 0^{gr},7027$.

Le poids du mètre carré de l'enveloppe est donc $70^{gr},27$.

51. Exemple II. — *Trouver le rayon d'un ballon sphérique qui doit rester en équilibre dans l'air à 0° et à 760, sachant que l'enveloppe pèse 240 gr. le mètre carré et que le ballon est gonflé avec de l'hydrogène de densité* 0,0693. *Un litre d'air pèse* $1^{gr},293$.

Soit x le rayon du ballon en décimètres.

Le poids du ballon est

$$\frac{4}{3}\pi x^3\times 1,293\times 0,0693+4\pi x^2\times 2,40.$$

Le poids de l'air déplacé est $\frac{4}{3}\pi x^3\times 1,293$.

Puisque le ballon doit rester en équilibre dans l'air, sa force ascensionnelle est nulle ; on doit donc avoir

$$\frac{4}{3}\pi x^3\times 1,293=\frac{4}{3}\pi x^3\times 1,293\times 0,0693+4\pi x^2\times 2,40,$$

ou

$$x\times 1,293=x\times 1,293\times 0,0693+2,40\times 3.$$

On tire de cette équation $x = 5^{\text{décim.}},99$.

ÉCHELLES THERMOMÉTRIQUES.

52. Les échelles thermométriques en usage sont : l'échelle centigrade, l'échelle Réaumur et l'échelle Fahrenheit.

Dans la première, on marque 0 à la température de la glace fondante et 100 à celle de la vapeur d'eau bouillante.

Dans la deuxième, on marque encore 0 à la température de la glace fondante et 80 à celle de la vapeur d'eau bouillante.

Dans la troisième, on marque 32 à la température de la glace fondante et 212 à celle de la vapeur d'eau bouillante.

Il résulte de là que 100 degrés centigrades en valent 80 Réaumur ou 180 Fahrenheit.

Donc 1° cent. $= \frac{80}{100}$ ou $\frac{4}{5}$ de degré Réaumur.

— $= \frac{180}{100}$ ou $\frac{9}{5}$ de degré Fahrenheit.

Réciproquement : 1° Réaumur $= \frac{5}{4}$ de degré centigrade.

1° Fahrenheit $= \frac{5}{9}$ de degré centigrade.

A l'aide de ces rapports, on passe facilement d'une échelle à une autre comme nous allons le faire voir.

53. Exemple I. — *Un thermomètre centigrade marque 27°, que marquent au même instant un thermomètre Réaumur et un Fahrenheit?*

Le thermomètre Réaumur marque $27 \times \frac{4}{5} = 21°,6$.

Le thermomètre Fahrenheit marque $27 \times \frac{9}{5} + 32 = 80°,6$.

54. Exemple II. — *Un thermomètre Fahrenheit marque 70°, que marque au même instant un thermomètre centigrade?*

Puisque le 0 centigrade et le 32 Fahrenheit se correspondent, il suffit de retrancher 32 de 70 et de multiplier le reste par $\frac{5}{9}$. Ainsi le thermomètre centigrade marque

$$(70 - 32) \times \frac{5}{9} = 21°,1.$$

55. Exemple III. — *Un thermomètre Fahrenheit marque 20°, que marque au même instant un thermomètre centigrade?*

On trouve comme ci-dessus.

$$(20 - 32) \times \frac{5}{9} = -6^\circ,67.$$

Le signe — indique une température au-dessous de zéro.

DILATATIONS.

56. On nomme *coefficient de dilatation linéaire* d'un corps la quantité dont s'allonge l'unité de longueur de ce corps lorsque la température s'élève d'un degré.

57. On nomme *coefficient de dilatation superficielle* la quantité dont s'augmente l'unité de surface lorsque la température s'élève d'un degré.

58. On nomme *coefficient de dilatation cubique* la quantité dont s'augmente l'unité de volume lorsque la température s'élève d'un degré.

59. Le coefficient de dilatation *superficielle* d'un corps est le *double* de son coefficient de dilatation linéaire, et le coefficient de dilatation *cubique* en est le *triple*.

60. Longueurs. — Soit λ le coefficient de dilatation linéaire d'un corps : si la température de ce corps passe de 0° à t°, l'unité de longueur deviendra

$$1 + \lambda t.$$

Cette quantité $1 + \lambda t$ s'appelle le *binome de dilatation linéaire* : elle se réduit à 1 lorsque $t = 0$.

Si l'on désigne par l_t la longueur que prend une barre d'un corps dont la longueur à 0° est l_0, on aura

$$l_t = l_0(1 + \lambda t), \quad \text{d'où} \quad l_0 = \frac{l_t}{1 + \lambda t}.$$

Donc, *pour avoir une longueur à t° lorsqu'on la connaît à 0°, il faut multiplier la longueur à 0° par le binome; et pour avoir une longueur à 0° lorsqu'on la connaît à t°, il faut diviser la longueur à t° par le binome.*

Pour avoir une longueur à t'^{0} lorsqu'on la connaît à t^{0}, on raisonne ainsi qu'il suit :

à t^{0} la longueur est l_t, à 0^{0} elle sera donc $\frac{l_t}{1+\lambda t}$ et à t'^{0} elle sera $\frac{l_t}{1+\lambda t}(1+\lambda t')$, donc

$$l_{t'} = l_t \times \frac{1+\lambda t'}{1+\lambda t}.$$

On voit par là que *les longueurs d'une même barre à différentes températures sont directement proportionnelles aux binomes correspondants à ces températures.*

61. Surfaces. — Tout ce qui vient d'être dit pour les longueurs s'applique aux surfaces. Ainsi *elles sont directement proportionnelles aux binômes de dilatation superficielle.*

62. Volumes. — Ce qui a été dit pour les longueurs s'applique également aux volumes. Ainsi en nommant V_0, V_t, $V_{t'}$, les volumes d'un même corps à 0^{0}, t^{0}, t'^{0}, et k le coefficient de dilatation cubique du corps, on a

$$V_t = V_0(1+kt), \quad V_0 = \frac{V_t}{1+kt}, \quad V_{t'} = V_t \times \frac{1+kt'}{1+kt}.$$

On voit que *les volumes d'un même corps à différentes températures sont directement proportionnels aux binomes de dilatation cubique correspondants.*

63. Densités. — Le poids d'un corps qui passe d'une température à une autre ne change pas, tandis que sa densité varie ; et *à poids égal, les volumes sont inversement proportionnels aux densités.* Donc D_0, D_t étant les densités d'un corps à 0^{0} et à t^{0}, on a

$$\frac{D_t}{D_0} = \frac{V_0}{V_t} = \frac{V_0}{V_0(1+kt)} = \frac{1}{1+kt}.$$

On tire de là

$$D_t = \frac{D_0}{1+kt}; \quad \text{d'où} \quad D_0 = D_t(1+kt).$$

Pour avoir une densité à t'° lorsqu'on la connaît à t°, on raisonne ainsi qu'on l'a fait pour les longueurs et l'on trouve

$$D_{t'} = D_t \times \frac{1+kt}{1+kt'}.$$

On voit donc que *les densités d'un même corps à différentes températures sont inversement proportionnelles aux binômes correspondants.*

64. Poids. — Soient P_0, P_t, $P_{t'}$ les poids à 0°, t°, t'° de volumes égaux d'une même substance : comme *à volume égal les poids sont directement proportionnels aux densités,* on trouve facilement

$$P_t = \frac{P_0}{1+kt}, \quad P_0 = P_t\,(1+kt). \quad P_{t'} = P_t \times \frac{1+kt}{1+kt'}.$$

On voit que *les poids de volumes égaux d'une même substance à des températures différentes sont inversement proportionnels aux binômes correspondants.*

65. Ainsi en résumé

Les {*longueurs*, *surfaces*, *volumes*} sont *directement* proportionnels
Les *densités* et les *poids* sont *inversement* proportionnels
} aux *binômes* de dilatation.

66. Exemple I. — *Deux règles, l'une de fer, l'autre de cuivre, placées bout à bout, ont une longueur totale de* 1^m *à* 0°; *elles sont de la même longueur à* 100°. *Quelle est la longueur de chacune à* 0° ? *Le coeff. de dil. lin. du fer* = 0,000012, *celui du cuivre* = 0,000017.

Soient x la longueur du fer et y celle du cuivre à 0°; à 100° la longueur du fer devient $x(1 + 0,000012 \times 100)$ et celle du cuivre devient $y(1 + 0,000017 \times 100)$.

On a donc d'après l'énoncé

$$x + y = 1$$
$$x(1 + 0,000012 \times 100) = y(1 + 0,000017 \times 100).$$

On tire de ces équations $\quad x = 0^{m},5001, \quad y = 0^{m},4999.$

67. Exemple II. — *On veut faire avec du cuivre et de l'acier un pendule compensateur de* $0^m,994$ *de longueur : trouver les longueurs du cuivre et de l'acier qu'il faut employer. Le coefficient de dilat. linéaire du cuivre est* 0,000017 *et celui de l'acier* 0,000012.

La longueur d'un pendule compensateur est égale à la différence entre les longueurs du cuivre et de l'acier qui le forment, et de plus ces dernières doivent être en raison inverse de leurs coefficients de dilatation. On aura donc en appelant x la longueur de l'acier, y celle du cuivre,

$$x - y = 0,994 \qquad \frac{x}{y} = \frac{0,000017}{0,000012} = \frac{17}{12}.$$

Résolvant on trouve

$$x = 3^m,3796, \qquad y = 2^m3856.$$

68. Exemple III. — *Un vase de verre est rempli à* 30° *par* 6 *kil. de mercure : quel est le volume de ce vase à* 0° ? *La densité du mercure à* 0° *est* 13,59, *son coefficient de dilatation est* $\frac{1}{5550}$ *et le coefficient de dilatation du verre est* $\frac{1}{38700}$.

Le volume du vase à 30° est égal à celui des 6 kilog. de mercure qu'il renferme. Or la densité du mercure à 30° est $\frac{13,59}{1+\frac{30}{5550}}$ (63) ; donc le volume des 6 kilog. est

$$6 : \frac{13,59}{1+\frac{30}{5550}} \qquad \text{ou} \qquad \frac{6\left(1+\frac{30}{5550}\right)}{13,59}.$$

Tel est donc aussi le volume du vase à 30°. Par suite son volume à 0° sera (62)

$$\frac{6\left(1+\frac{30}{5550}\right)}{13,59\left(1+\frac{30}{38700}\right)} = 0^{déc.\,c.},443^{c.\,c.}$$

69. Exemple IV. — *Un tube de verre plein de mercure à 0° est chauffé à 100° et laisse échapper 27gr,2 de mercure : trouver le poids du mercure qu'il contenait à 0°. Le coeff. de dilatation apparente du mercure* $= \frac{1}{6480}$.

Soit x le poids demandé, le poids à 100° est $x - 27,2$ et l'on a d'après (64)

$$x = (x - 27,2)\left(1 + \frac{1}{6480} \times 100\right).$$

Effectuant après avoir résolu par rapport à x, on trouve

$$x = 1789^{gr},76.$$

70. Exemple V. — *Un baromètre marque* $0^m,775$ *à 20° : que marquerait-il à 0° ? Le coefficient de dilat. du mercure* $= \frac{1}{5550}$, *celui de la substance dont est formée l'échelle est* $\frac{1}{52600}$.

Chaque millimètre de l'échelle devient à 20°, $1 + \frac{20}{52600}$; il en résulte que lorsque le baromètre marque 775^{mm}, la véritable longueur de la colonne de mercure est

$$775\left(1 + \frac{20}{52600}\right).$$

Ceci posé, la densité du mercure à 20° est autre que celle qu'il possède à 0° : or pour une même pression les hauteurs des liquides soulevés dans le baromètre sont en raison inverse des densités de ces liquides (29) et, d'autre part (63), les densités d'un même corps sont inversement proportionnelles aux binomes. Il faut conclure de là que les hauteurs barométriques correspondant à la même pression, mais observées à des températures différentes sont directement, proportionnelles aux binomes.

On a donc, en appelant h_0 la hauteur du mercure à 0° dans le baromètre,

$$\frac{h_0}{\left(775\,1 + \frac{20}{52600}\right)} = \frac{1}{1 + \frac{20}{5550}}.$$

On en tire

$$h_0 = \frac{775\left(1 + \frac{20}{52600}\right)}{1 + \frac{20}{5550}} = 772,5.$$

GAZ SECS.

71. La loi de Mariotte et ses conséquences jointes aux principes indiqués plus haut servent à résoudre les problèmes relatifs aux gaz secs.

72 Exemple I. — *Étant donné le volume* V *d'une masse gazeuse à* t° *et sous la pression* H, *trouver ce que deviendra ce volume à* t'° *et sous la pression* H'. *Le coefficient de dilatation des gaz est* α ($\alpha = 0,00367$).

En s'appuyant sur ce que les volumes des gaz sont directement proportionnels aux binômes et inversement proportionnels aux pressions, on dira :

à t°	et sous la pression	H	le volume est	V
0°	—	H	il sera	$\frac{V}{1+\alpha t}$
t'°	—	H	—	$\frac{V(1+\alpha t')}{1+\alpha t}$
t'°	—	1	—	$\frac{V(1+\alpha t')H}{(1+\alpha t)}$
t'°	—	H'	—	$\frac{V(1+\alpha t')H}{(1+\alpha t)H'}$.

En nommant V' le volume cherché, on a donc :

$$V' = \frac{V(1+\alpha t')H}{(1+\alpha t)H'}.$$

73. Exemple II. — *Étant donnée la densité* D *d'un gaz à* t° *et sous la pression* H, *trouver ce qu'elle deviendra à* t'° *et sous la pression* H'.

S'appuyant sur ce que les densités des gaz sont en raison inverse des binomes, et en raison directe des pressions, on dira :

à t^0	et sous la pression	H	la densité est	D
0^0	—	H	elle sera	$D(1+\alpha t)$
t'^0	—	H	—	$\frac{D(1+\alpha t)}{1+\alpha t'}$
t'^0	—	1	—	$\frac{D(1+\alpha t)}{(1+\alpha t')H}$
t'^0	—	H′	—	$\frac{D(1+\alpha t)H'}{(1+\alpha t')H}$

Ainsi en nommant D′ la densité cherchée, on a

$$D' = \frac{D(1+\alpha t)H'}{(1+\alpha t')H}.$$

74. Exemple III. — *Étant donné le poids* P *d'un certain volume de gaz à* 0° *et sous la pression* H, *trouver ce que serait le poids du même volume à* t'^0 *et sous la pression* H′.

Raisonnant comme on vient de le faire (73), on trouve, en appelant P′ le poids demandé,

$$P' = \frac{P(1+\alpha t)H'}{(1+\alpha t')H}.$$

75. Exemple IV. — *Calculer le poids de* V *litres d'un gaz de densité* δ *à* t^0 *et sous la pression* H, *sachant que* 1^1 *air sec à* 0° *et à* 760 *pèse* a *et que le coeff. de dilat. du gaz est* α.

V litres du gaz à	0°	et à 760	pèseraient	$Va\delta$
—	t^0	760	ils pèseront	$\frac{Va\delta}{1+\alpha t}$
—	t^0	1	—	$\frac{Va\delta}{(1+\alpha t)760}$
—	t^0	H	—	$\frac{Va\delta H}{(1+\alpha t)760}$

On a donc, en appelant P le poids demandé,

$$P = \frac{Va\delta H}{(1+\alpha t)760}.$$

Remarque. — Cette formule sert évidemment aussi à calculer le poids de V litres d'une vapeur à t^0, de densité δ et dont la tension est H.

76. La marche qui vient d'être indiquée **(72) (73) (74) (75)** doit encore être suivie lorsque l'inconnue de la question est une température ou une pression.

77. Exemple. — *A quelle température faut-il porter 36 litres d'air à 10° sous la pression 765, pour que le volume devienne 36,9 sous la pression 774 ? Le coeff. de dilat. de l'air* $\alpha = 0,00367$.

A 10° et sous la pression		765	le volume est	36
0°	—	765	il sera	$\dfrac{36}{1+\alpha 10}$
x^0	—	765	—	$\dfrac{36(1+\alpha x)}{1+\alpha 10}$
x^0	—	1	—	$\dfrac{36(1+\alpha x)765}{1+\alpha 10}$
x^0	—	774	—	$\dfrac{36(1+\alpha x)765}{(1+\alpha 10)744}$.

D'après l'énoncé, cette dernière quantité doit être égale à 36,9 ; donc

$$36,9 = \frac{36(1+\alpha x)765}{(1+\alpha 10)774}.$$

On tire de cette équation $x = 20^0,4$.

78. Densité des gaz. — On nomme ainsi le rapport entre les poids d'un certain volume de gaz et du même volume d'air, le gaz et l'air étant supposés secs à 0° et à 76 de pression. Lorsque ces conditions ne sont pas remplies, on corrige les poids obtenus comme nous allons l'indiquer.

79. Exemple. — *Un ballon pèse vide* $851^{gr},246$; *plein d'air à* 15° *et à* 74 *de pression, il pèse* $862^{gr},137$; *plein d'un certain gaz à* 20° *et à* 75 *de pression, il pèse* $866^{gr},321$: *trouver la densité de ce gaz. On suppose que la capacité du ballon est restée la même pendant l'expérience, et l'on négligera la perte de poids qu'il éprouve dans l'air.*

Le poids de l'air renfermé dans le ballon

$$= 862,137 - 851,246 = 10^{gr},891,$$

celui du gaz

$$= 866,321 - 851,246 = 15^{gr},075.$$

Comme les poids des gaz sont directement proportionnels aux pressions et inversement proportionnels aux binomes, il est facile de trouver que si la pesée avait été faite sur de l'air et du gaz à 0° et à 760, on aurait obtenu

pour l'air $$\frac{10,891\,(1+\alpha 15)76}{74},$$

et pour le gaz $$\frac{15,075\,(1+\alpha 20)76}{75}.$$

On a donc, pour la densité demandée,

$$D = \frac{\dfrac{15,075\,(1+\alpha 20)76}{75}}{\dfrac{10,891\,(1+\alpha 15)76}{74}} = \frac{15,075\,(1+\alpha 20)74}{10,891\,(1+\alpha 15)75} = 1,389.$$

GAZ HUMIDES. — HYGROMÉTRIE.

80. Lorsqu'il s'agit de gaz humides, la pression donnée représente celle du gaz augmentée de celle de la vapeur qu'il contient.

La pression du gaz seul égale donc la pression donnée moins celle de la vapeur.

81. Si le gaz est *saturé*, la pression de la vapeur qu'il contient est *la tension maximum* de cette vapeur à la température donnée.

82. Si le gaz *n'est pas saturé*, on obtient la tension de la vapeur qu'il renferme *en multipliant la tension maximum de cette vapeur à la température donnée par l'état hygrométrique (ou fraction de saturation) du gaz.* En effet, en appelant E l'état hygrométrique d'un gaz, f la tension de la vapeur que contient ce gaz, et F la tension maximum, on a $E = \frac{f}{F}$, d'où $f = F \times E$.

83. Ceci établi, en s'appuyant sur cette loi :

La force élastique d'un mélange de gaz et de vapeur est égale à la somme des tensions du gaz et de la vapeur, le gaz étant rapporté à son volume primitif (c'est-à-dire au volume qu'il avait avant l'introduction de la vapeur);

On ramène la résolution des problèmes sur les *gaz humides* à celle des questions relatives aux *gaz secs, en substituant aux pressions données celles des gaz supposés purgés de vapeur.*

84. D'après ce qui a été dit (**82**), il est clair que l'état hygrométrique d'un gaz saturé de vapeur est égal à 1.

85. Exemple I. — *On a un volume* V *d'air humide à* t° *et sous la pression* H ; *l'état hygrométrique de cet air est* E *et la tension maximum de la vapeur d'eau à* t° *est* F : *on demande ce que deviendra ce volume à* t'° *et sous la pression* H', *l'état hygrométrique étant devenu* E', *et la tension maximum de la vapeur d'eau à* t'° *étant* F'.

D'après (**80**) et (**82**) la tension du gaz seul dans les premières circonstances est $H - F \times E$, et dans les dernières $H' - F' \times E'$.

La question se ramène alors à celle-ci :

Un volume d'air est V à t° et sous la pression $H - F \times E$: que deviendra-t-il à t'° et sous la pression $H' - F' \times E'$?

Résolvant comme on l'a fait plus haut (**72**), on trouve

$$V' = \frac{V(1 + at')(H - F \times E)}{(1 + at)(H' - F' \times E')}.$$

86. Exemple II. — *On a 2 litres d'air saturé à* 10° *et à* 758 *de pression : que devient ce volume saturé à* 65° *et à* 762 *de pression? La tension maximum de la vapeur d'eau est à* 10°,9mm *et à* 65°,187mm. *Le coefficient de dilatation des gaz* $\alpha = 0,00367$.

La tension de l'air seul est d'abord 758 — 9 et ensuite 762 — 187. On a alors à résoudre cette question : on a 2 litres d'air à 10° et sous la pression 758 — 9 ; que devient le volume à 65° et à 762 — 187 de pression?

Résolvant comme plus haut (**72**), on trouve

$$x = \frac{2(1+\alpha 65)(758-9)}{(1+\alpha 10)(762-187)} = 3^{l},112.$$

87. Lorsqu'on veut avoir le poids d'une certaine quantité de gaz humide, on calcule séparément le poids du gaz sec et celui de la vapeur qu'il contient, puis on fait la somme des poids trouvés.

88. Exemple. — *Calculer le poids de* V *litres d'air humide à* t^0 *sous la pression* H, *l'état hygrométrique étant* E. *On sait que le poids d'un litre d'air sec à* 0° *et à* 760 *est* a, *la densité de la vapeur d'eau* = δ, *la tension maximum de cette vapeur à* t^0 *est* F, *le coefficient de dilat. de l'air* = α.

D'après (**80**) et (**82**) la tension de l'air sec est $H - F \times E$.

Celle de la vapeur est $F \times E$.

Le poids demandé P = celui de l'air + celui de la vapeur.

Or à 0° et à 760, V litres d'air pèsent Va ;

à t^0	— 760	—	—	$\frac{Va}{1+\alpha t}$;
à t^0	— 1	—	—	$\frac{Va}{(1+\alpha t)760}$;
à t^0	— $H - F \times E$ —		—	$\frac{Va(H - F \times E)}{(1+\alpha t)760}$ (*).

D'autre part :

A 0° et à 760, V litres de vapeur pèsent $Va\delta$;

t^0	— 760	—	—	$\frac{Va\delta}{1+\alpha t}$;
t^0	— 1	—	—	$\frac{Va\delta}{(1+\alpha t)760}$;
t^0	— $F \times E$	—	—	$\frac{Va\delta \times F \times E}{(1+\alpha t)760}$.

On a donc pour le poids demandé

$$P = \frac{Va(H - FE)}{(1+\alpha t)760} + \frac{Va\delta FE}{(1+\alpha t)760},$$

(*) Si au lieu d'air il s'agissait d'un gaz de densité δ, on aurait $\frac{Va\delta(H-FE)}{(1+\alpha t)760}$.

ce qui peut s'écrire

$$P = \frac{Va(H - FE + \delta FE)}{(1 + \alpha t)760}.$$

89. Si l'on demande seulement le poids de la vapeur contenue dans une quantité d'air humide donnée, on aura

$$p = \frac{Va\delta FE}{(1 + \alpha t)760}.$$

90. L'inconnue de la question peut être un volume, une température, une pression, etc.... Dans ce cas on suit exactement la marche qui vient d'être indiquée et qui conduit alors à une équation de laquelle on n'a plus qu'à dégager la valeur de l'inconnue.

91. Exemple I. — *Quel volume occupent à 30° et à 760, 3 grammes d'air dont l'état hygrométrique est $\frac{2}{3}$? Un litre d'air sec à 0° et à 760 pèse 1gr,293, la densité de la vapeur d'eau est les $\frac{5}{8}$ de celle de l'air, la tension maximum de cette vapeur à 30° est 31mm,5 et le coefficient de dilatation des gaz $\alpha = 0,00367$.*

Soit x le volume demandé.

Cherchons, comme nous l'avons fait (**88**), le poids de x litres d'air à 30° et à 760, l'état hygrométrique étant $\frac{2}{3}$, nous trouverons

$$\frac{x \times 1,293(760 - 31,5 \times \frac{2}{3} + \frac{5}{8} \times 31,5 \times \frac{2}{3})}{(1 + 0,00367 \times 30)760}.$$

Mais, d'après l'énoncé, ce poids est égal à 3 grammes, donc

$$\frac{x \times 1.293(760 - 31,5 \times \frac{2}{3} + \frac{5}{8} \times 31,5 \times \frac{2}{3})}{(1 + 0,00367 \times 30)760} = 3.$$

On tire de cette équation $x = 2^{l},602$.

92. Exemple II. — *Quel est l'état hygrométrique d'un mètre cube d'air à 10° qui contient 3gr,4 de vapeur d'eau? Le poids d'un litre d'air sec à 0° et à 760 est 1gr,3, la densité de la vapeur d'eau est les $\frac{5}{8}$ de celle de l'air, la tension maxim. de cette vapeur à 10° est 9mm, et le coefficient de dilat. des gaz est* 0,00367.

Soit x l'état hygrométrique demandé.

Cherchons le poids de la vapeur contenue dans 1000 litres (1 m. c.) d'air à 10° et ayant pour état hygrométrique x, nous trouverons (**89**) pour ce poids

$$\frac{1000 \times 1{,}3 \times \frac{1}{4} \times 9 \times x}{(1 + 0{,}00367 \times 10)760},$$

or, d'après l'énoncé, cette quantité est égale à $3^{\text{lit}},4$, donc

$$\frac{1000 \times 1{,}3 \times \frac{1}{4} \times 9 \times x}{(1 + 0{,}00367 \times 10)760} = 3{,}4.$$

On tire de cette équation $x = 0{,}366$.

CALORIMÉTRIE.

93. La quantité de chaleur gagnée ou perdue par un corps qui s'échauffe ou se refroidit s'évalue en multipliant le poids de ce corps par son calorique spécifique et par le nombre de degrés dont sa température a varié.

94. Tout corps qui change d'état absorbe ou abandonne de la chaleur *(calorique latent)* suivant le sens dans lequel se fait le changement ; pendant ce changement sa température reste invariable.

La quantité de chaleur gagnée ou perdue par un corps qui change d'état s'évalue en multipliant le poids de ce corps par son calorique de fusion ou de vaporisation.

95. On résout les questions de calorimétrie en évaluant d'une part la chaleur gagnée par les corps qui se sont échauffés, d'autre part la chaleur perdue par les corps qui se sont refroidis et en égalant ces deux quantités.

96. Exemple I. — *On a plongé* M *kilogrammes d'un métal à* T° *dans* m *kilogrammes d'eau à* t° *contenus dans un vase pesant* m′ *kilogrammes; le calorique spécifique du métal est* c, *celui du vase est* c′. *On demande de déterminer la température finale* θ.

La chaleur perdue par le métal $= Mc(T - \theta)$.

La chaleur gagnée $\begin{cases} \text{par l'eau} = m(\theta - t). \\ \text{par le vase} = m'c'(\theta - t). \end{cases}$

Or chaleur gagnée = chaleur perdue, donc

$$Mc(T - \theta) = m(\theta - t) + m'c'(\theta - t).$$

Il ne reste plus qu'à tirer de cette équation la valeur de θ.

Nota. — Le produit $m'c'$ effectué est ce qu'on appelle la valeur du vase réduit en eau.

97. Exemple II. — *Quel est le poids* P *de glace à* 0° *qu'il faut mettre dans* m *kilogrammes d'eau à* t° *pour que la température finale soit* θ? *Le calorique de fusion de la glace est* 79.

La chaleur gagnée par la glace $\begin{cases} \text{pour se fondre} = P \times 79, \\ \text{pour passer de } 0^\circ \text{ à } \theta = P \times \theta. \end{cases}$

La chaleur perdue par l'eau $= m(t - \theta)$.

Or chaleur gagnée = chaleur perdue, donc

$$P \times 79 + P \times \theta = m(t - \theta).$$

Résolvant cette équation, on aura la valeur de P.

98. Exemple III. — *On fait condenser* m *grammes de vapeur d'eau à* 100° *dans* M *grammes d'eau à* t° : *trouver la température finale* θ *sachant que le calorique de vaporisation de la vapeur d'eau est* 537.

La chaleur perdue par la vapeur $\begin{cases} \text{pour se condenser} = m \times 537, \\ \text{pour passer de } 100^\circ \text{ à } \theta = m(100 - \theta). \end{cases}$

La chaleur gagnée par l'eau $= M(\theta - t)$.

Mais chaleur gagnée = chaleur perdue, donc on a

$$m \times 537 + m(100 - \theta) = M(\theta - t).$$

Équation qui donnera la valeur de θ.

99. Exemple IV. — *On plonge dans* m *kilogrammes d'eau à* t°, M *kilogrammes d'un métal fondu à* T° ; *la température finale est* θ. *On demande le calorique de fusion du métal, sachant que sa température de fusion est* T′, *que son calorique spécifique est* c *à l'état liquide et* c′ *à l'état solide, et que l'eau est renfermée dans un vase pesant* m′ *kilogrammes, et formé d'une substance dont le calorique spécifique est* c″?

La chaleur perdue par le métal $\begin{cases} \text{pour passer de T à T}' = Mc(T - T'), \\ \text{pour se solidifier} = Mx, \\ \text{pour passer de T}' \text{ à } \theta = Mc'(T' - \theta). \end{cases}$

La chaleur gagnée $\begin{cases} \text{par l'eau} = m(\theta - t), \\ \text{par le vase} = m'c''(\theta - t). \end{cases}$

Chaleur gagnée = chaleur perdue, donc

$$Mc(T - T') + Mx + Mc'(T' - \theta) = m(\theta - t) + m'c''(\theta - t).$$

Résolvant cette équation on aura la valeur de x.

100. Exemple V. — *Dans un vase de cuivre pesant* 1k,5 *et contenant* 6k *d'eau à* 10° *on plonge* 3k *d'étain fondu à* 300° ; *trouver la température finale sachant que le calorique de fusion de l'étain est* 14,25, *son calorique spécifique est* 0,064 *à l'état liquide et* 0,056 *à l'état solide, sa température de fusion est* 235°, *le calorique spécifique du cuivre est* 0,095.

Soit θ la température demandée.

La chaleur perdue par l'étain :
- pour passer de 300 à 235° $= 3 \times 0,064\,(300 - 235)$
- pour se solidifier $= 3 \times 14,25$
- pour passer de 235° à $\theta = 3 \times 0,056(235 - \theta)$.

La chaleur gagnée :
- par l'eau $= 6(\theta - 10)$
- par le vase $= 1,5 \times 0,095(\theta - 10)$.

Or chaleur gagnée = chaleur perdue, donc

$$3 \times 0,064(300-235) + 3 \times 14,25 + 3 \times 0,056(235-\theta) = 6(\theta-10) + 1,5 \times 0,095(\theta-10).$$

On tire de cette équation $\theta = 24°,74$.

ACOUSTIQUE.

101. Les problèmes d'acoustique proposés au baccalauréat se rapportent ordinairement aux lois qui régissent les vibrations transversales des cordes. Ces lois sont comprises dans la formule

$$n = \frac{1}{2rl}\sqrt{\frac{gP}{\pi d}}$$

dans laquelle n représente le nombre des vibrations que fait une corde pendant une seconde, r le rayon de la corde, l sa longueur, P le poids qui la tend, d la densité de la substance dont elle est formée.

102. Si l'on appelle n', r', l', P', d' les quantités correspondantes à n, r, l, P, d, pour une autre corde, on a

$$n' = \frac{1}{2r'l'}\sqrt{\frac{gP'}{\pi d'}}.$$

Prenant le rapport entre n et n', on obtient

$$\frac{n}{n'} = \frac{r'l'\sqrt{Pd'}}{rl\sqrt{P'd}}.$$

Si maintenant on suppose

1° $r' = r$, $P' = P$, $d' = d$, il vient $\dfrac{n}{n'} = \dfrac{l'}{l}$;

2° $l' = l$, $P' = P$, $d' = d$, $\dfrac{n}{n'} = \dfrac{r'}{r}$;

3° $r' = r$, $l' = l$, $d' = d$, $\dfrac{n}{n'} = \dfrac{\sqrt{P}}{\sqrt{P'}}$:

4° $r' = r$, $l' = l$, $P' = P$, $\dfrac{n}{n'} = \dfrac{\sqrt{d'}}{\sqrt{d}}$.

Ainsi : 1° *Les nombres de vibrations de deux cordes de même rayon, de même substance et tendues par le même poids, sont en raison inverse de leurs longueurs ;*

2° *Les nombres de vibrations de deux cordes de même longueur, de même nature et tendues par le même poids, sont en raison inverse de leurs rayons ;*

3° *Les nombres de vibrations de deux cordes de même longueur, de même rayon et de même nature, sont en raison directe des racines carrées des poids qui les tendent :*

4° *Les nombres de vibrations de deux cordes de même longueur, de même rayon et tendues par le même poids, sont en raison inverse des racines carrées des densités des substances dont elles sont formées.*

Telles sont les lois des vibrations des cordes.

103. Il faut encore connaître pour résoudre les problèmes d'acoustique la longueur des cordes et les nombres de vibrations qui correspondent aux sons de la gamme ; en voici le tableau

Sons de la gamme	*ut*	*ré*	*mi*	*fa*	*sol*	*la*	*si*	*ut*
Longueurs	1	$\frac{8}{9}$	$\frac{4}{5}$	$\frac{3}{4}$	$\frac{2}{3}$	$\frac{3}{5}$	$\frac{8}{15}$	$\frac{1}{2}$
Nombres de vibrations	1	$\frac{9}{8}$	$\frac{5}{4}$	$\frac{4}{3}$	$\frac{3}{2}$	$\frac{5}{3}$	$\frac{15}{8}$	2

On voit que l'ut qui commence une seconde gamme correspond à un nombre de vibrations double de celui qui se rapporte au premier *ut*; il en est de même des notes suivantes *ré*, *mi*,... comparées à celles semblables de la gamme précédente.

104. Exemple I. — *Deux cordes, l'une en fer de densité 7,7, l'autre en platine de densité 21,2, de même longueur, de même diamètre, tendues par un même poids, sont mises en vibration. La corde en fer fait en une seconde 880 vibrations: on demande le nombre de vibrations que fera en une seconde la corde en platine? Dans une autre expérience la corde en fer est tendue par un poids de* $12^{kil},5$, *elle fait 1350 vibrations par seconde: on demande le nombre de vibrations qu'elle ferait si le poids était de* $20^{kil},7$?

D'après la 4e loi des vibrations des cordes, on a en appelant x le nombre des vibrations de la corde en platine,

$$\frac{x}{880} = \frac{\sqrt{7,7}}{\sqrt{21,2}};$$

d'où l'on tire $x = 530$ à une unité près par défaut.

Ensuite d'après la 3e loi on a, en appelant y le nombre des vibrations de la corde en fer,

$$\frac{y}{1350} = \frac{\sqrt{20,7}}{\sqrt{12,5}};$$

d'où l'on tire $y = 1737$ à une unité près par défaut.

105. Exemple II. — *Deux fils métalliques de même nature et de même grosseur ont des longueurs respectives de 1 mètre et de* $1^{m},20$: *quel doit être le rapport des tensions pour que le son du premier fil soit la quinte aiguë du son du deuxième?*

Supposons que le son du 2e fil soit ut ; d'après l'énoncé celui du 1er fil devra être le sol (**103**) de la gamme suivante, dont le nombre de vibrations est égal à $\frac{3}{2} \times 2$ ou 3 ; c'est-à-dire que le nombre des vibrations du 1er fil doit être triple de celui du 2e. Il en résulte que le rapport établi plus haut (**102**)

$$\frac{n}{n'}=\frac{r'l'\sqrt{Pd'}}{rl\sqrt{P'd}}$$

devient en y introduisant les données de la question

$$\frac{3}{1}=\frac{1,20\sqrt{P}}{1\sqrt{P'}}$$

on en tire en appelant x le rapport demandé

$$x=\frac{P}{P'}=\frac{9}{1,44}=\frac{25}{4}$$

OPTIQUE.

106. *L'intensité d'une lumière*, c'est-à-dire la quantité de lumière reçue par l'unité de surface, est *en raison inverse du carré de la distance* de la lumière au point éclairé.

107. Application. — *Deux lumières sont distantes de 6m ; l'intensité de la première est 1 et celle de la seconde 4,5 à l'unité de distance. On demande à quelle distance de la seconde il faut placer un écran sur la ligne qui joint les deux lumières pour qu'il soit également éclairé?*

Soit x la distance demandée : à cette distance l'intensité de la seconde lumière est $\frac{4,5}{x^2}$.

L'écran se trouve à $6-x$ de la 1re lumière dont l'intensité à cette distance est $\frac{1}{(6-x)^2}$;

mais l'écran doit être également éclairé, donc on doit avoir

$$\frac{4,5}{x^2}=\frac{1}{(6-x)^2}.$$

Résolvant, on trouve $x' = 4^m,07$. $x'' = 11^m,35$.
Ce qui donne deux points satisfaisant à la question.

108. Le rapport constant qui existe pour deux milieux déterminés entre le sinus de l'angle d'incidence et celui de l'angle de réfraction se nomme l'*indice de réfraction* du milieu que traverse le rayon incident par rapport à l'autre milieu.

109. Lorsque l'un des deux angles est droit, l'autre atteint sa valeur maximum et porte le nom d'*angle limite*.

En nommant n l'indice de réfraction d'un milieu par rapport à un milieu moins réfringent que lui, on a, en appelant l l'angle limite,

$$\sin l = \frac{1}{n}.$$

110. *Miroirs sphériques.* — Relations entre les distances focales conjuguées p, p' et la distance focale principale f.

Miroirs concaves.
- Foyer réel $\frac{1}{p} + \frac{1}{p'} = \frac{1}{f}$. (1)
- Foyer virtuel $\frac{1}{p} - \frac{1}{p'} = \frac{1}{f}$.

Miroirs convexes. . . . . $\frac{1}{p'} - \frac{1}{p} = \frac{1}{f}$.

111. *Lentilles sphériques.* — Relations entre les distances focales conjuguées p, p' et la distance focale principale f.

Lentilles convergentes.
- Foyer réel $\frac{1}{p} + \frac{1}{p'} = \frac{1}{f}$.
- Foyer virtuel $\frac{1}{p} - \frac{1}{p'} = \frac{1}{f}$. (2)

Lentilles divergentes. . . . . $\frac{1}{p'} - \frac{1}{p} = \frac{1}{f}$.

112. Applications. Exemple I. — *Devant un miroir sphérique concave de rayon* R, *on place un objet* AB *de longueur* l *perpendiculairement à l'axe principal et à une distance* d *du miroir* $\left(d > \frac{R}{2}\right)$: *trouver la position et la grandeur de l'image* ab.

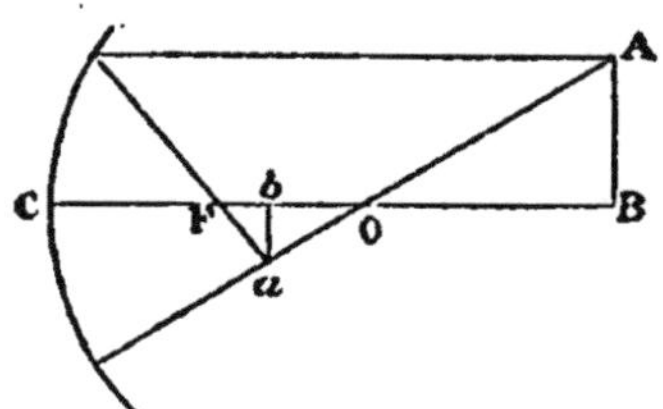

Soient $Cb = x$, $ab = y$.

La formule (1) et les triangles semblables AOB, aOb donnent

$$\frac{1}{d}+\frac{1}{x}=\frac{2}{R}\cdot\frac{y}{l}=\frac{R-x}{d-R}.$$

Résolvant, on a $x=\frac{dR}{2d-R}$, $y=l\times\frac{R}{2d-R}$.

Exemple II. — *A quelle distance d'une loupe dont la distance focale est* f, *faut-il placer un objet de longueur* l *pour que son image se forme à une distance* d *de la loupe? Quelle sera la grandeur de cette image?*

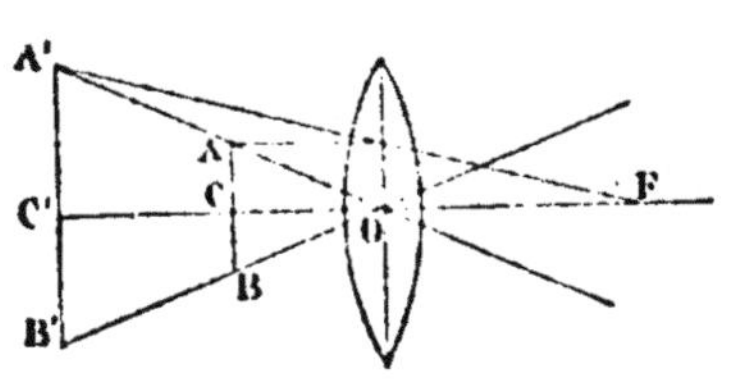

La formule (2) et les triangles semblables AOB, A'OB' donnent, x et y étant la distance et la grandeur demandées :

$$\frac{1}{x}-\frac{1}{d}=\frac{1}{f}.\quad \frac{y}{l}=\frac{d}{x}.$$

Résolvant, il vient $x=\frac{df}{d+f}$. $y=l\times\frac{d+f}{f}$.

PROBLÈMES DE CHIMIE.

113. Quelques problèmes de chimie ont été proposés aux examens du baccalauréat. Les exemples qui suivent suffiront pour indiquer comment on doit traiter les questions de cette espèce.

114. Exemple I. — *Combien faut-il employer de chlorate de potasse pour faire* 500 *litres d'oxygène à* 0° *et à* 760 ? *La densité de l'oxygène est* 1,1056, *le poids d'un litre d'air à* 0° *et à* 760 *est* 1,293 ; *l'équivalent de l'oxygène est* 8, *celui du chlore est* 35,5 *et celui du potassium* 39.

La préparation de l'oxygène par le chlorate de potasse est indiquée par l'équation

$$KO, ClO^5 = 6O + KCl.$$

L'équivalent du chlorate de potasse est

$$39 + 8 + 35{,}5 + 8 \times 5 = 122{,}5.$$

Donc avec 122gr,5 de KO,ClO^5, on obtient 48 gr. d'oxygène. Mais 500 litres d'oxygène pèsent :

$$500 \times 1,293 \times 1,1056 = 714^{gr},77.$$

On aura donc, en appelant x le poids demandé,

$$\frac{x}{122,5} = \frac{714,77}{48}.$$

On tire de là

$$x = 1824^{gr},15.$$

115. Exemple II. — *Combien de litres d'hydrogène à* 0° *et à* 760 *peut-on obtenir avec* 7k,250 *de zinc ? La densité de l'hydrogène est* 0,0693, *le poids d'un litre d'air à* 0° *et* 760 *est* 1gr,293 ; *l'équivalent du zinc est* 32,5 *et celui de l'hydrogène est* 1.

La préparation de l'hydrogène par le zinc et l'acide sulfurique est indiquée par l'équation

$$Zn + SO^3,HO = H + ZnO,SO^3.$$

On voit qu'avec 32k,5 de zinc on obtient 1 kil. d'hydrogène. Donc, en appelant p le poids obtenu avec 7k,250 de zinc, on aura

$$\frac{p}{1} = \frac{7,250}{32,5}, \quad \text{d'où} \quad p = 0^k,223.$$

En appelant x le nombre de litres demandé, on a

$$223 = x \times 1,293 \times 0,0693,$$

d'où l'on tire

$$x = 2488^l,8.$$

CHOIX DE PROBLÈMES

DONNÉS EN COMPOSITION

AUX EXAMENS DU BACCALAURÉAT ÈS SCIENCES

Notations employées.

D	signifie	densité par rapport à celle de l'eau.
δ	—	densité par rapport à celle de l'air.
a	—	poids d'un litre d'air sec à 0° sous la pression 76c.
λ	—	coefficient de dilatation linéaire.
K	—	coefficient de dilatation cubique.
	—	coefficient de dilatation de l'air et des gaz.
F	—	tension maximum de la vapeur d'eau.
C	—	calorique spécifique.
C_f	—	calorique de fusion.
C_v	—	calorique de vaporisation.

CHUTE DES CORPS. — PENDULE. — BALANCE.

1. Un corps pesant est tombé dans le vide d'une hauteur de 240m,3156. Quelle est sa vitesse finale ?

2. Calculer la profondeur d'un puits sachant qu'il s'est écoulé 58″ entre l'instant où l'on a laissé tomber une pierre dans ce puits, et celui où l'on a entendu le bruit de sa chute. La vitesse du son est 340 mètres par seconde.

3. Trouver par logarithmes la longueur du pendule simple qui bat la seconde à Paris.

4. Un pendule a fait 6400 oscillations en deux heures dans un lieu A ; le même pendule fait dans le même temps 6561 oscillations dans un autre lieu B. Trouver : 1° le rapport des intensités de la pesanteur en B et en A ; 2° le rapport des longueurs des pendules à secondes dans ces mêmes lieux

5. Trouver la longueur des deux bras d'une balance sachant qu'un même poids placé successivement dans les deux plateaux est équilibré par 104, puis 156 grammes, et que la longueur totale du fléau est 1 mètre.

FORMULES $P = VD$, $P = Va\delta$.

6. Déterminer le volume de deux liquides sachant que la densité de l'un = 1,3, celle de l'autre 0,7 ; de plus que le volume de leur mélange = 3 litres et a pour densité 0,9.

7. Quel poids d'argent faut-il allier avec 500 grammes d'or pour que la densité de l'alliage soit 13,05? D. or = 19,26. D. argent = 10,47.

8. Quelle est la capacité d'un vase qui pèse 25 grammes plein d'air et 750 grammes plein d'alcool? D. air = 0,0013. D. alcool = 0,79.

9. On verse dans un cylindre dont le rayon de base = $0^m,25$, 30 kilog. de mercure et 6 kilog. d'alcool. A quelle hauteur s'élèvera chaque liquide? D. mercure = 13,6. D. alcool = 0,79.

10. Une sphère creuse en argent pèse vide $726^{gr},02$ et pleine d'eau $2521^{gr},35$. Quelle est sa surface? D. argent = 10,47.

11. Une sphère creuse en cuivre dont le rayon extérieur = $0^m,175$ est pesée successivement pleine de mercure et pleine d'eau ; le rapport des poids = 5,20. En déduire le volume de la couche sphérique. D. cuivre = 8,8. D. mercure = 13,6.

12. Une masse gazeuse pèse $2^k,230$. Déterminer le volume qu'elle occupe. La densité du gaz = 0,0693. $a = 1^{gr},293$.

13. Le mètre cube d'un certain gaz pèse $1429^{gr},54$. Quelle est la densité de ce gaz par rapport à l'air? $a = 1^{gr},293$.

PRINCIPE DE PASCAL. — PRESSE HYDRAULIQUE. — VASES COMMUNIQUANTS.

14. Il s'est déclaré à fond de cale d'un navire une voie d'eau de forme circulaire dont le rayon = $0^m,1$; la hauteur verticale de l'eau depuis son niveau à l'extérieur jusqu'au centre de l'ouverture $= 3^m,03$. On demande à 1 hectogramme près le poids qu'il faut mettre sur le tampon qui bouche l'ouverture pour empêcher l'eau d'entrer. D. eau de mer $= 1,03$.

15. Un corps de pompe cylindrique de $0^m,3$ de rayon, placé verticalement, renferme de l'eau sur la surface de laquelle presse un piston percé en son centre d'une ouverture circulaire de $0^m,05$ de rayon au-dessus de laquelle s'élève un tube vertical de même section faisant corps avec le piston ; ce dernier et le tube pèsent ensemble 200 kilogr. Déterminer la hauteur à laquelle s'élève l'eau dans le tube au-dessus de la base inférieure du piston.

16. Deux corps de pompe verticaux et cylindriques communiquent entre eux par un tube horizontal ; l'un a une section de 20^{cq}, l'autre une section de 3^{dq} et de l'eau se trouve en équilibre dans l'appareil. On pose sur la surface de l'eau dans le grand corps de pompe un piston pesant 200 kilog. Avec quelle force faudra-t-il presser la surface du liquide dans le petit corps de pompe pour empêcher le piston de descendre ?

17. Évaluer l'effet utile d'une presse hydraulique sachant que : 1° les surfaces des pistons sont entre elles comme 1 : 50 ; 2° les deux bras du levier avec lequel on fait jouer la machine ont $0^m,85$ et $0^m,03$ de longueur ; 3° la pression exercée à l'extrémité du grand bras est 2 kilogr.

18. Dans un tube en U on verse du mercure qui s'élève au même niveau dans les deux branches ; on verse ensuite dans l'une d'elles une colonne d'eau de $0^m,1$ de hauteur. De combien le mercure s'abaissera-t-il dans cette branche au-dessous du niveau primitif ? D. mercure $= 13,59$.

PRINCIPE D'ARCHIMÈDE. — CORPS FLOTTANTS. — DENSITÉS.

19. Quel effort faut-il faire pour soutenir dans le plomb fondu un décimètre cube de platine ? D. platine $= 21,5$. D. plomb fondu $= 11,7$.

20. Un corps poreux de densité $= 0,854$ a un volume de 130 déc. cubes. Combien faut-il qu'il absorbe d'eau pour immerger complètement dans ce liquide ?

21. Un cylindre creux pèse 100 gr. ; sa base a $0^m,1$ de circonférence et il est lesté de manière à se tenir en équilibre stable dans les liquides. De combien s'enfoncera-t-il dans l'eau, le mercure, l'acide sulfurique, l'huile ? Les densités de ces liquides sont supposées 1 ; 13,67 ; 1,8 ; 0,9.

22. Un bloc de glace prismatique flotte sur la mer et s'élève à 6 mètres au-dessus de son niveau. Trouver sa hauteur totale. D. eau de mer = 1,026. D. glace = 0,8.

23. Une sphère de liége de 3 cent. de rayon est lestée par une sphère d'or. Quel doit être le rayon de cette dernière pour que le système se tienne en équilibre dans l'alcool ? D. liége = 0,24. D. or = 19,26. D. alcool = 0,79.

24. Une couronne pesant 300 grammes est formée d'or et d'argent ; on la pèse dans l'eau et elle y perd 20 grammes de son poids. En déduire les quantités d'or et d'argent qu'elle renferme. D. or = 19,5. D. argent = 10,5.

25. On sait que 21 kilog. d'argent pèsent dans l'eau 19 kilogr. et que 9 kilogr. de cuivre y pèsent 8 kilogr. Ceci posé, on demande de déterminer les quantités d'argent et de cuivre qui entrent dans un alliage du poids de 148 kilogr., sachant que cet alliage pèse dans l'eau $133^k \frac{1}{3}$.

26. On veut lester un cylindre de bois de 1 mètre de longueur avec un cylindre de platine de même section de base, de telle sorte qu'il immerge complétement dans l'eau. Quelle longueur faut-il donner au cylindre de platine ? D. bois = 0,5. D. platine = 21,5.

27. Quelle est la longueur du cylindre de platine qu'il faut fixer au bout d'un cylindre d'acier de $0^m,20$ de longueur pour que le système se soutienne verticalement dans le mercure, la base supérieure du cylindre d'acier étant à 3 cent. au-dessus du niveau du mercure ? D. platine = 21,12. D. acier = 7,8. D. mercure = 13,6.

28. Une sphère de platine vide a $0^m,1$ de rayon extérieur ; plongée entièrement dans le mercure, elle s'y tient en équilibre. Déterminer l'épaisseur de ses parois. D. platine = 21,5. D. mercure = 13,6.

29. Dans un vase contenant du mercure on plonge successivement par le sommet et par la base, de manière que son axe soit vertical, un cône de fer de 1 cent. de diamètre et de 3 cent. de hauteur. De combien s'enfoncera le cône dans l'un et l'autre cas ? D. fer = 7,8. D. mercure = 13,6.

30. Une boule de fer est en équilibre dans un vase qui contient de l'eau et du mercure. Calculer le rapport des parties de la boule immergées dans l'un et l'autre liquide. D. fer = 7,8. D. mercure = 13,6.

31. Un fragment d'aluminium pèse dans l'air 28 grammes et dans l'eau 18 grammes ; 90 grammes d'argent monnayé pèsent 72 grammes dans l'acide sulfurique de densité = 1,8 ; 1 kilogr. d'aluminium vaut 200 fr. Ceci posé, on demande le rapport des prix de l'aluminium et de l'argent, en supposant qu'on les emploie à volumes égaux.

32. Un morceau de platine pèse 5517^{gr},50 ; dans l'eau, il ne pèse plus que 5267^{gr},50, et dans l'alcool 5320 grammes. Quelle est la densité du platine et celle de l'alcool ?

33. Un corps pèse 32 grammes ; son poids dans l'eau à 4° est 26 grammes ; il n'est que de 24 grammes dans un certain liquide à 0°. On demande de déterminer le volume du corps, son poids spécifique et celui du liquide.

34. Un corps de densité = 5,9 pèse dans l'air 60^{gr},27 et dans un liquide 40^{gr},65. Quelle est la densité de ce liquide ? $a = 1,293$.

35. Un morceau de liége verni pèse 30 grammes dans l'air ; une boule de plomb pèse 110 grammes dans l'eau. De plus, le liége et le plomb liés ensemble ne pèsent plus que 15 grammes lorsqu'on les plonge dans l'eau. Quel est le poids spécifique du liége ?

36. Un aréomètre de Baumé à tige bien cylindrique a été plongé dans l'eau, et l'on a marqué zéro au point d'affleurement ; on le plonge ensuite dans de l'alcool de densité = 0,8, et l'on marque 25 au point d'affleurement. On gradue l'appareil en prolongeant la graduation au-dessus et au-dessous du zéro. Ceci posé, on demande les densités de deux liquides, sachant que l'aréomètre affleure dans l'un à + 40 et dans l'autre à — 20 (les divisions négatives sont celles au-dessous de zéro).

37. Un flacon plein d'air sec à 0° et à 76 de pression pèse 740 grammes; plein de chlore dans les mêmes conditions, il pèse $742^{gr},4$, et plein d'eau 2020 grammes. Déduire de là la densité du chlore rapportée à celle de l'air. D. air = $\frac{1}{770}$ de celle de l'eau.

PRESSION ATMOSPHÉRIQUE. — LOI DE MARIOTTE.

38. De quel poids faut-il charger une soupape de 2^{dq} de surface pour qu'elle ne s'ouvre que sous une pression de 10 atmosphères ? D. mercure = 13,59.

39. Un gaz contenu dans un cylindre dont le rayon de base = $0^m,04$ et la hauteur = $0^m,30$ est à la pression 76; on le met en communication avec un cylindre vide dont le rayon de base = $0^m,05$ et la hauteur = $0^m,40$. Que devient la pression ?

40. Un fusil à vent dont la crosse a une capacité de 1 litre contient de l'air comprimé à 8 atmosphères ; on tire un coup de fusil, et la quantité d'air sortie pour chasser la balle occupe à la pression extérieure 78 un volume de 2 litres. Quelle est la force élastique de l'air restant dans le fusil ?

41. Un gaz sec à la pression 76 remplit un tube cylindrique de 1 mètre de hauteur ; ce tube, fermé par un bout, plonge par l'autre dans une cuvette remplie de mercure. La pression extérieure venant à changer, le mercure monte jusqu'au milieu du tube. Déterminer la valeur de cette pression : 1° en supposant le tube vertical ; 2° en le supposant incliné de 45° sur l'horizon.

42. Dans un tube barométrique qui plonge dans une cuve profonde, le mercure s'élève à 743 millim. ; on enfonce le tube jusqu'à ce que la chambre barométrique qui contient de l'air soit réduite au tiers de son volume primitif. La hauteur du mercure est alors de 701 millim. Déduire de là la valeur de la pression extérieure.

43. Un tube barométrique est renversé sur une cuvette de mercure ; la partie supérieure contient de l'air sec dans une longueur de $0^m,20$ et la hauteur de la colonne mercurielle est de $0^m,61$. On introduit de l'éther qui se vaporise; le mercure baisse, et le mélange d'air et de vapeur occupe un espace de $0^m,60$ tandis que la hauteur du mercure n'est plus que de $0^m,31$. Déduire de là la force élastique de la vapeur d'éther. La pression extérieure $= 0^m,76$.

44. Un corps de pompe a $0^m,5$ de hauteur; il est terminé par un tuyau d'aspiration de 4 mètres de longueur, de $0^m,04$ de diamètre et dont l'extrémité inférieure plonge de $0^m,20$ dans l'eau. Quel doit être le rayon du corps de pompe pour qu'au premier coup de piston l'eau remplisse entièrement le tuyau d'aspiration? On suppose la pression égale à 10 mètres d'eau.

45. Un récipient dont le volume est un litre renferme de l'air sec à la pression 76; il est ajusté à l'aide d'une monture à robinet à la partie supérieure d'un baromètre dont le tube a une hauteur de 1 mètre au-dessus du niveau du mercure dans la cuvette, supposé invariable. On ouvre le robinet et le mercure s'abaisse dans le tube de manière à n'avoir plus qu'une hauteur de $0^m,50$. Quelle est le diamètre du tube barométrique? La pression extérieure $= 77$.

46. Dans un appareil semblable au précédent, l'air du récipient est à la pression 77, la hauteur du tube barométrique $= 0^m,90$ et ce tube a une section de 20^{cq}; après l'ouverture du robinet la hauteur du mercure n'est plus que de $0^m,40$. Quelle est la capacité du récipient? La pression extérieure $= 75$.

47. Un tube reposant sur une cuve à mercure contient une colonne d'air de $1^m,85$ sous la pression extérieure 75. Quelle pression faut-il exercer sur le mercure pour que la hauteur de la colonne se réduise à $0^m,35$?

48. Un tube cylindrique repose l'ouverture en bas sur une cuve à mercure; le niveau est le même dans le tube et la cuve, et l'air occupe dans le tube un espace de 20 cent. de hauteur. A quelle hauteur montera le mercure dans le tube si l'on soulève celui-ci de $0^m,10$?

49. Un tube cylindrique de $0^m,40$ de hauteur, fermé et dressé verticalement, contient sur une longueur de $0^m,01$ de l'air à la pression 78 ; le reste est rempli de mercure. On pratique un trou à la partie inférieure du tube et l'on demande la longueur de la colonne de mercure qui s'écoulera. La pression extérieure = 76.

50. Une cloche cylindrique pleine d'air à 76 et ayant 1 mètre de hauteur est enfoncée verticalement dans l'eau l'ouverture en bas, jusqu'à ce que sa base supérieure soit à 6 mètres de la surface libre de l'eau. A quelle hauteur l'eau s'élève-t-elle alors dans l'intérieur de la cloche ? D mercure = 13,6.

MANOMÈTRES. — MACHINE PNEUMATIQUE. — MÉLANGES DES GAZ.

51. Le volume d'air d'un manomètre = 110 parties d'égale capacité ; on met l'appareil en communication avec une machine où l'on comprime l'air, et l'on voit le mercure s'élever jusqu'à la 80e division en prenant dans le tube une hauteur de $0^m,45$. Quelle est la pression dans la machine ?

52. Un manomètre formé d'un tube en U à branches cylindriques d'égal diamètre renferme un volume d'air sec de $0^m,40$ de longueur à la pression 76, et le niveau du mercure est le même dans les deux branches; la branche ouverte étant mise en communication avec un récipient de gaz à la pression de 2 atmosphères, on demande quelle sera la différence des niveaux du mercure dans les deux branches.

53. La capacité de chacun des deux corps de pompe d'une machine pneumatique est le 9e de celle du récipient qui contient 20 litres d'air à 76. On demande de déterminer : 1° la quantité d'air expulsée après 4 coups de piston ; 2° la pression de l'air qui reste alors dans le récipient ; 3° le volume que prendrait cet air si on le ramenait à la pression 76. $a = 1^{gr},293$.

54. Calculer le poids de l'air qui reste dans le récipient d'une machine pneumatique après 20 coups de piston, la capacité du récipient étant 3 litres et celle du corps de pompe $\frac{1}{4}$ de litre. $a = 1^{gr},293$.

55. Le récipient d'une machine pneumatique a pour capacité 12 litres et renferme de l'air à 76 de pression ; chaque corps de pompe a pour volume 1 litre. Calculer le poids de l'air qui reste dans le récipient après qu'on a donné 9 coups de piston. $a = 1^{gr},293$.

56. Un récipient de 12 litres de capacité renferme de l'air à 76 ; on y fait le vide avec une machine dont le corps de pompe a pour volume 1 litre et demi. Après combien de coups de piston la pression sera-t-elle réduite à 3^{mm} ?

57. La capacité du corps de pompe d'une machine pneumatique étant le tiers de celle du récipient, après combien de coups de piston la pression deviendra-t-elle moindre que la 200ᵉ partie de la pression initiale ?

58. La force élastique de l'air contenu dans le récipient d'une machine pneumatique est 76 ; après quatre coups de piston elle devient 30. Quel est le rapport de la capacité du corps de pompe à celle du récipient ?

59. La capacité du corps de pompe d'une machine pneumatique est de 480^{cc}, celle du récipient = 2 litres. Déterminer le volume d'un corps placé sous le récipient sachant qu'au 1ᵉʳ coup de piston la pression descend de 76 à 60.

60. Un récipient de 4 litres de capacité est en communication avec une pompe foulante qui y injecte de l'air pris à l'extérieur ; le corps de pompe a un volume de 1 litre. Après 4 coups de piston, la pression dans le récipient = 150 centimètres de mercure. Qu'était-elle avant le jeu de la pompe ? La pression extérieure = 76.

61. Dans un récipient de 3 litres, on fait entrer : 1° 2 litres d'hydrogène soumis primitivement à une pression de 2 atmosphères ; 2° 4 litres d'acide carbonique à la pression de 5 atmosphères ; 3° 3 litres d'azote à 1/2 atmosphère. On demande la pression finale du mélange, la température restant invariable.

POIDS DES CORPS DANS L'AIR. — AÉROSTATS.

62. Quel est le poids dans le vide d'un corps qui pèse dans l'air 3550 grammes et dans l'eau 2430 grammes. D air = $\frac{1}{770}$ de celle de l'eau.

63. Quel poids paraît avoir dans l'air sec à 0° et 76 1 mètre cube de cuivre ? D. cuivre = 8,8. a = 1gr,293.

64. Un corps pèse dans le vide, 1543gr,253 ; dans l'air, 1542gr,154 ; dans un autre gaz 1541gr,237. Quel est le volume du corps et que vaut la densité du gaz ? a = 1gr,293.

65. A 0° et à 76 de pression un corps perd 1gr,17 dans l'acide carbonique ; on demande : 1° ce qu'il perdrait dans l'air, puis dans l'hydrogène ; 2° si le rapport des pertes reste le même à 200°, la pression ne changeant pas ; 3° si le rapport des pertes reste le même à 30 atmosphères, la température ne changeant pas. δ hydrogène = 0,069. δ acide carbonique = 1,529.

66. Trouver le volume d'un corps sachant que la différence des poids que l'on obtient en le pesant successivement dans l'air et dans l'acide carbonique est égale à 0gr,03. δ acide carbonique = 1,529. a = 1gr,293.

67. Aux deux extrémités d'un fléau de balance à bras égaux sont attachées d'une part une boule creuse, d'autre part un poids de 100 grammes en laiton ; dans le vide la boule et le poids sont en équilibre ; dans l'air, pour que l'équilibre subsiste, il faut réduire le poids de laiton à 99 grammes. Quel est le volume de la boule ? Le décimètre cube de laiton pèse 8k,393. a = 1gr,293.

68. Quel est le rapport des poids réels de deux boules de cire et de platine qui s'équilibrent dans l'air ? D. cire = 0,96. D. platine = 21. D. air = 0,0013.

69. Sous le récipient d'une machine pneumatique renfermant de l'air sec à 0° et à 760, on place un fléau de balance aux deux extrémités duquel sont suspendus 2 cubes ; l'un de 0m,03 de côté, pèse 26gr,2597 ; l'autre, de 0m,05 de côté, pèse 26gr,324. Le fléau n'étant pas en équilibre, on demande quelle sera la pression lorsque ayant fait jouer la machine, l'équilibre s'établira. a = 1gr,293.

70. Calculer la force ascensionnelle d'un ballon sphérique de 15 mètres de diamètre, formé d'un taffetas imperméable pesant 0k,3 par mètre carré, et gonflé avec du gaz d'éclairage ayant pour densité 0,5 par rapport à l'air. a = 1gr,293.

71. La densité du caoutchouc étant 0,9, on demande quelle doit être l'épaisseur des feuilles de caoutchouc formant l'enveloppe d'un ballon rempli d'hydrogène de densité = 0,0692 et ayant pour rayon $0^m,2$, pour que ce ballon ait une force ascensionnelle de 2 grammes? $a = 1^{gr},3$.

ÉCHELLES THERMOMÉTRIQUES.

72. Exprimer en degrés centigrades la température de 6° au-dessous de zéro du thermomètre de Fahrenheit.

73. Évaluer en degrés centigrades la différence entre 96 degrés centigrades et 96 degrés Fahrenheit.

74. Pour quelle température les thermomètres centigrades et Fahrenheit marquent-ils le même nombre de degrés?

DILATATIONS (SOLIDES ET LIQUIDES).

75. De combien s'allonge en passant de — 15° à + 30° un fil de fer de 170 kilom. de longueur. λ fer = 1/[illegible].

76. Une barre métallique a 6 mètres de longueur à 0° et $6^m,175$ à 55°,4. Quel est le coefficient de dilatation linéaire du métal?

77. Quelle est à 0° la longueur d'une barre d'argent qui se dilate autant pour la même élévation de température qu'une barre d'acier de 2 mètres de longueur à 0°? λ argent=0,0000208, λ acier = 0,0000136.

78. Le coefficient de dilatation linéaire du plomb étant 1/[illegible], on demande quelle est à 80° la longueur d'une barre de ce métal dont la longueur à 10° est $1^m,20$?

79. La longueur d'une barre de cuivre est $2^m,315$ à 25°. Quelle est à 0° la longueur d'une barre de fer qui à 60° a la même longueur que la barre de cuivre supposée portée elle-même à 60°? λ cuivre = 1/[illegible]. λ fer = 1/[illegible].

80. Une barre métallique formée de deux barres de platine et de cuivre a une longueur de 3 mètres à 0° et de $3^m,0043$ à 100°. Quelles sont les longueurs respectives du platine et du cuivre à 0°? λ platine = 0,0000088. λ cuivre = 0,0000171.

81. Quelle est à 100° la différence des longueurs de deux barres, l'une de cuivre, l'autre de platine, qui ont chacune 3 mètres de longueur à 0° ? λ cuivre $= \frac{1}{58200}$. λ platine $= \frac{1}{116300}$.

82. Deux règles prismatiques rectangulaires, l'une de cuivre, l'autre de platine, sont égales à 0° et ont 1m,25 de longueur chacune. Quelle sera à 100° la différence de leurs longueurs et quel rapport existera alors entre leurs sections droites ? λ cuivre $= \frac{1}{58200}$. λ platine $= \frac{1}{116300}$.

83. Deux cylindres, l'un de cuivre, l'autre de platine, ont à 0° 0m,1 pour rayon de base et 0m,2 pour hauteur. Quelle est à 100° la différence de leurs surfaces totales ? λ cuivre $= \frac{1}{58200}$. λ platine $= \frac{1}{113100}$.

84. Le coefficient de dilatation linéaire d'un métal étant 0,000128, quel est à 250° le volume d'un cube de ce métal dont le côté a 1 mètre dans la glace fondante ?

85. Trouver à 0° et à 24°,7 le volume d'un corps dont 1 kil. occupe un volume de 1 litre à 15°,4. λ $= \frac{1}{1500}$.

86. Une feuille carrée de cuivre a une épaisseur égale à 0,001 de sa longueur et de sa largeur ; elle pèse un kilog. Quelles sont ses dimensions à 0°, puis à 100° ? D cuivre à 0° = 8,8. K cuivre $= \frac{1}{19410}$.

87. On a une masse métallique de 5752cc à 10°,5 ; on la chauffe à 24°,6, et dans cet état on la réduit à son volume primitif. Trouver le poids du métal ainsi enlevé. D métal à 0° = 8,24. λ $= \frac{1}{58200}$.

88. Une sphère de cuivre creuse a un diamètre extérieur de 0m,3 et un diamètre intérieur de 0m,25 à 20° ; on la remplit d'eau à cette température et l'on demande quel sera alors son poids total. D cuivre à 0° = 8,8. λ cuivre $= \frac{1}{58200}$. D eau à 20° = 0,998215.

89. Les dimensions d'une demi-sphère de cuivre sont à 0° ; rayon extérieur, 2m,05 ; rayon intérieur, 2 mètres. Calculer son poids ainsi que sa capacité à — 10°, puis à + 30°. D cuivre à 0° = 8,8. λ cuivre $= \frac{1}{58200}$.

90. Le diamètre intérieur d'un anneau de cuivre est $0^m,18$ à $10°$, et celui d'une sphère de fer $= 0^m,1805$ à la même température. A quelle température faut-il chauffer l'anneau et la sphère pour que celle-ci puisse traverser l'anneau? λ cuivre $=$ 0,000017. λ fer $=$ 0,0000126.

91. A $10°$, $20°$, $30°$, on cherche à évaluer le volume de 25 kil. d'eau en mesurant cette eau dans une mesure de cuivre dont la contenance à $0°$ est 650^{cc}. On demande d'indiquer combien de mesures et fractions de mesures on trouvera dans chaque cas, K cuivre $= \frac{1}{17000}$. Volume de 1 kil. d'eau à $10° = 1^l,000268$; à $20° = 1^l,00179$; à $30° = 1^l,00433$.

92. Le poids du mercure qui peut remplir à $20°$, sur une longueur de $0^m,1$, un tube de verre cylindrique est 2 grammes. Quel est à $0°$ le diamètre du tube ? D mercure à $0° = 13,59$. K mercure $= \frac{1}{5550}$. K verre $= \frac{1}{38700}$.

93. Trouver le volume occupé à $80°$ par 60 kil. de mercure. Quel changement subirait la solution si l'on supposait le mercure renfermé dans un vase de fer. D mercure à $0° = 13,6$. K mercure $= \frac{1}{5550}$. λ fer $=$ 0,000012.

94. Un corps pèse dans l'air 32 grammes, dans un liquide à $0°$, 24 grammes; dans ce même liquide à $20°$, $24^{gr},4$. Quel est le coefficient de dilatation du liquide?

95. Un vase cylindrique en verre renferme du mercure à $0°$ qui s'élève à $0^m,2$ de hauteur ; on chauffe à $100°$. De combien s'accroît la hauteur du mercure? K mercure $= \frac{1}{5550}$. K verre $= \frac{1}{38700}$.

96. Le tube d'un thermomètre a $0^{mm},1$ de diamètre ; à $0°$, le mercure remplit exactement la boule dont le diamètre $= 0^m,01$. Trouver à $0^{mm},1$ près la longueur de chaque degré de l'appareil. K dilatation apparente du mercure $= \frac{1}{6480}$.

97. Un tube cylindrique de 1 mètre de hauteur et de $0^m,02$ de rayon contient du mercure à $0°$ qui s'y élève à $0^m,95$. A quelle température faut-il porter le tube et le mercure pour que celui-ci remplisse exactement le tube ? K mercure $= \frac{1}{5550}$. K verre $= \frac{1}{38700}$.

98. On sait que dans un thermomètre à mercure le rapport de la capacité du tube jusqu'au zéro à celle de 1 degré = 6480; on vide ce thermomètre et on y introduit un liquide dont le coefficient de dilatation est $\frac{1}{5000}$; ce liquide dans la glace fondante s'élève jusqu'au zéro. A quelle division s'élèvera-t-il à 20°? K verre = $\frac{1}{38700}$.

99. Le volume d'un vase de verre à 0° est 400^{cc}; il renferme 125^{cc} de platine à 0° : on le porte à 20°. On demande quel poids de mercure il faut y introduire pour le remplir. D mercure à 0° = 13,59. K mercure = $\frac{1}{5550}$. K verre = $\frac{1}{38700}$. K platine = $\frac{1}{37700}$.

100. Un vase de verre dont le volume = 1 litre à 0° renferme un morceau de platine pesant 8 kil., et du mercure qui achève de le remplir complétement. Déterminer le poids de mercure qui sortira du vase lorsque le tout aura été porté à 100°. D platine à 0° = 22. D mercure à 0° = 13,59. K platine = $\frac{1}{37700}$. K mercure = $\frac{1}{5550}$. K verre = $\frac{1}{38700}$.

101. Un vase de verre est rempli par 3 kilogr. de mercure à 0°; on le porte à une certaine température, et il en sort 45^{gr},48 de mercure. Déterminer la température à laquelle a été porté le vase. K mercure = $\frac{1}{5550}$. K verre = $\frac{1}{38700}$.

102. Un ballon de verre plein de mercure à 0° en contient 3 kilog.; on chauffe à 100°. Déterminer le poids du mercure qui sortira du vase. K mercure = $\frac{1}{5550}$. K verre = $\frac{1}{38700}$.

103. Le rapport entre le poids spécifique du cuivre à 0° et celui de l'eau à 4° est 8,88. Quel est ce rapport lorsque le cuivre et l'eau sont à la température de 15° ? λ cuivre = $\frac{1}{58200}$. Dilatation totale de l'eau entre 4° et 15° = $\frac{1}{1150}$.

104. Un aréomètre de Fahrenheit pèse 80 gr. ; il doit être chargé de 45 gr. pour affleurer à 20° dans un liquide dont la densité à cette température = 1,5. Quel est à 0° le volume de l'aréomètre jusqu'au point d'affleurement ? K verre = $\frac{1}{38700}$.

105. Quelle perte de poids éprouve dans l'eau à 15° un morceau de cuivre pesant 426 grammes? D cuivre à 0°=8,878. K cuivre = $\frac{1}{19400}$. D eau à 15° = 0,9991.

106. Quel effort faut-il faire pour soutenir plongé dans le mercure à 30° un morceau de platine pesant 20 kilogr. dans le vide ? D. platine à 0° = 22. K platine = $\frac{1}{37700}$. D. mercure à 0° = 13,59. K mercure = $\frac{1}{5550}$.

107. Quel effort faut-il faire pour soutenir dans l'eau à 20° un cône de cuivre dont la hauteur = 0m,15 et le rayon de base = 0m,04 à 0° ? La densité du cuivre à 0° = 8,8. λ cuivre = $\frac{1}{58200}$. D. eau à 20° = 0,998215.

108. Deux tubes verticaux réunis par un canal horizontal capillaire renferment du mercure, dans l'un le mercure à 0° a une hauteur de 10 mètres ; dans l'autre, le mercure à 300° a une hauteur inconnue x. Déterminer cette hauteur. K. mercure = $\frac{1}{5550}$.

109. Un thermomètre a un réservoir sphérique de 0m,015 de diamètre ; sa tige cylindrique a 0m,08 de longueur et 0m,002 de diamètre ; elle est ouverte à la partie supérieure. L'appareil étant plein de mercure à 0°, on demande le poids qui en sortira à 50°. D. mercure à 0_0 = 13,6. K mercure = $\frac{1}{5550}$. K verre = $\frac{1}{38700}$.

110. Un baromètre marque 77 à 25° et 76 à 5°. Trouver le rapport des hauteurs ramenées à 0°. K mercure = $\frac{1}{5550}$. K échelle = $\frac{1}{53200}$.

111. De l'eau introduite dans un baromètre déprime le mercure de 17mm,9, la température étant 20°. Déduire de là la valeur de la tension maximum de la vapeur d'eau à 20°. K mercure = $\frac{1}{5550}$.

112. Quelle est la tension d'une vapeur qui élève à 30 mètres une colonne de mercure dans un manomètre à air libre, la température étant 20° ? K mercure = $\frac{1}{5550}$.

113. Un tube cylindrique de verre de 2 cent. de rayon contient une colonne de mercure de 150mm de hauteur à la température de 20°. Évaluer en kilogrammes la pression exercée par l'atmosphère et le mercure sur la base du tube. La pression atmosphérique = 752mm. D. mercure à 0° = 13,59. K mercure = $\frac{1}{5550}$.

GAZ SECS.

114. Un gaz occupe à 10° et sous la pression 760 un volume de 25^{cc}. Quel sera son volume à 200° et sous la pression 2280 ? $\alpha = 0,00367$.

115. Une chambre a la forme d'un parallélipipède rectangle ; ses dimensions sont 15^m, 5^m, 4^m. Elle renferme de l'air à 0° sous la pression 76. On demande la quantité d'air qui sortira de cette chambre si la température devient 30° et la pression 72. $\alpha = 0,00367$.

116. L'air au pied d'une montagne est à 95° Fahrenheit et à la pression 76. Quel volume de cet air faut-il mettre dans une vessie dont la capacité maximum est 4 litres pour qu'elle soit entièrement gonflée lorsqu'on la transportera au sommet de la montagne où la température est — 12° et la pression 43 ? $\alpha = 0,00367$.

117. On a mesuré dans une éprouvette graduée 100 parties en volume d'un gaz à 0° et à 76 de pression. Trouver à une division près le volume de ce gaz mesuré à 4° et sous la pression 65. $\alpha = 0,00367$.

118. Une vessie renfermant 4 litres d'air à 30° et à 76 est descendue à 100 mètres de profondeur dans un lac dont la température = 4°. Que devient le volume de la vessie ? On suppose que la pression extérieure ne change pas. $\alpha = 0,00367$.

119. Trouver en litres le volume de 1 mètre cube de gaz à 10° et à 76 que l'on a descendu dans une enveloppe extensible au fond d'un lac de 9 mètres de profondeur, l'eau de ce lac ayant pour température 4° et pour densité 1,1. D. mercure = 13,6. $\alpha = 0,00367$.

120. On a un litre de gaz à 0° et à 76 ; on élève la température à 100° en maintenant le volume constant et la pression devient 104°. Quelle eût été la dilatation pour 1° si le gaz eût pu se dilater librement sous la pression 76 ?

121. Déterminer le volume occupé à 20° et sous la pression 78 par 2 grammes d'acide carbonique. δ acide carbonique = 1,520. $a = 1^{gr},293$. $\alpha = 0,00367$.

122. Une certaine quantité d'air sec a pour volume 5 cent. cubes à 15° sous la pression 60. Déterminer : 1° le poids de cet air; 2° sa force élastique en supposant qu'il soit amené à prendre un volume de 300 cent. cubes à la température de 250°. $a = 1{,}293$. $\alpha = 0{,}00367$.

123. Une sphère solide dont le rayon $= 0^m{,}6$ pèse 56 grammes dans l'air à 30° et à 78. Quel est son poids dans le vide? $a = 1^{gr}{,}293$. $\alpha = 0{,}00367$.

124. Un corps perd dans l'air à 0° et à 76, $5^{gr}{,}2$ de son poids. Que perdrait-il dans l'air à 15° et à 125 cent. de pression? $\alpha = 0{,}00367$. $a = 1^{gr}{,}3$.

125. Quelle perte de poids éprouve dans l'air à 20° et à 74 un morceau de verre pesant 20 kilog.? D. verre à 0° = 2,49. K verre $= \frac{1}{38700}$. $a = 1^{gr}{,}3$. $\alpha = 0{,}00367$.

126. Une sphère de verre creuse, fermée et ayant à 0°, 2 décimètres de diamètre extérieur pèse 1220 grammes dans l'air à 30° et à 75 de pression. Que pèsera-t-elle dans l'air à 10° et à 76? K verre $= \frac{1}{38700}$. $a = 1^{gr}{,}293$. $\alpha = 0{,}00367$.

127. Dans quelle proportion en volume faut-il mélanger l'air et l'acide carbonique pour que le litre de mélange pèse $1^{gr}{,}4$ à 20° et sous la pression 74? $a = 1^{gr}{,}293$. δ acide carbonique $= 1{,}5$. $\alpha = 0{,}00367$.

128. Un gaz à 37° et à 76 de pression est renfermé dans un récipient dont on suppose la capacité invariable. Déterminer la température à laquelle il se trouve élevé lorsque sa pression devient 11 atmosphères. $\alpha = 0{,}00367$.

129. A quelle température faut-il élever $6^{gr}{,}265$ d'air à 0° et à 76 de pression pour que leur volume devienne trois fois plus grand? $\alpha = 0{,}00367$.

130. A quelle température faut-il soumettre l'acide carbonique pour que le litre de ce gaz, sous la pression 77, pèse $1^{gr}{,}293$? δ acide carbonique $= 1{,}52$. D. air $= \frac{1}{773}$ de celle de l'eau. $\alpha = 0{,}00367$.

131. A quelle température faut-il élever un litre d'air pour qu'il pèse $1^{gr}{,}12$ sous la pression 78? $a = 1^{gr}{,}293$. $\alpha = 0{,}00367$.

132. Un tube cylindrique rempli d'air à la pression 76, plonge dans le mercure par son extrémité ouverte; le niveau du mercure est le même dans le vase et dans le tube à une température inconnue x, et la partie du tube qui est en dehors du mercure a $0^{m},20$ de longueur. A 3^{0} le mercure s'élève à une hauteur de $0^{m},02$ dans le tube. Trouver la température x. K mercure $= \frac{1}{5550}$. $\alpha = 0,00367$. On négligera la dilatation du verre.

133. Un ballon de verre plein d'air à 0^{0} sous la pression 76 est chauffé à 100^{0}; il s'en échappe 1 gramme d'air et la pression ne change pas. Quel est le volume du ballon à 0^{0} et quel poids de gaz contenait-il? $a = 1^{gr},293$. $\alpha = 0,00367$. K verre $= \frac{1}{38700}$.

134. Un ballon d'une capacité de 5 litres à 0° est rempli d'acide carbonique à 0° sous la pression 76; on le chauffe à 100° et on l'ouvre dans une chambre où la pression est 75. Calculer le poids de l'acide carbonique qui sortira. δ acide carbonique $= 1,5$. $a = 1,293$. K verre $= \frac{1}{38700}$. $\alpha = 0,00367$.

135. Même question que la précédente, en supposant qu'il s'agisse d'air au lieu d'acide carbonique et que le ballon ayant 2 litres de capacité se trouve, après avoir été chauffé à 100°, mis en communication avec une atmosphère indéfinie ayant une pression de 74 cent. $a = 1^{gr},293$. K verre $= \frac{1}{38700}$. $\alpha = 0,00367$.

136. Dans un ballon de verre vide dont le volume à 0° est 250^{cc}, on introduit une quantité d'air capable d'occuper 25^{cc} à 0° et à 76 de pression, puis on ferme le ballon et l'on chauffe à 100°. Quelle sera alors la pression intérieure? $\alpha = 0,00367$. K verre $= \frac{1}{38700}$.

137. Un ballon de verre ayant un volume de 2 litres à 0° est rempli de chlore à 0° et à 77 de pression; on élève la température à 100°, la pression restant égale à 77. Quel poids de chlore sortira du ballon? δ chlore $= 2,4216$. $\alpha = 0,00367$. $a = 1^{gr},293$. K verre $= \frac{1}{38700}$.

138. On a enfermé un baromètre dans un large tube que l'on a ensuite fermé à la lampe; à ce moment la température est 13° et la pression 76. On demande à $0^{m},0001$ près la hauteur à laquelle s'élèvera le mercure dans le baromètre si la température devient 30°. K mercure $= \frac{1}{5550}$. $\alpha = 0,00367$.

139. L'air d'une cheminée de 60^m de hauteur est à 100° et l'air extérieur à 0°. Exprimer en millimètres de mercure le tirage de cette cheminée. Dire en outre ce qu'il serait si l'air extérieur était à la température de 10°. D. mercure = 13,59. $\alpha = 0,00367$. $a = 1^{gr},293$.

140. Quel rayon faut-il donner à un ballon sphérique rempli de protocarbure d'hydrogène pour qu'il reste en équilibre dans l'air à 20° et à 76 de pression? On suppose que l'enveloppe pèse 240^{gr} le mètre carré. δ protocarbure = 0,559. $a = 1^{gr},293$. $\alpha = 0,00367$.

141. Sous une cloche contenant de l'air sec à 0° et à 760 de pression on place un fléau de balance aux deux extrémités duquel sont suspendus deux solides dont l'un est un cube de 0^m,5 de côté et l'autre un parallèlipipède rectangle ayant pour dimensions 0^m,10 ; 0^m,7 ; 0^m,8. Ces deux corps se font équilibre. Ceci posé, on imagine la température élevée à 60°, la pression restant égale à 76, et l'on demande à 1 milligramme près quel poids il faudrait ajouter et de quel côté pour rétablir l'équilibre qui se trouve rompu. $\alpha = 0,00367$. $a = 1^{gr},293$. On néglige la dilatation des deux corps.

142. Deux ballons sphériques sont en équilibre dans les plateaux d'une balance, la température étant 0° et la pression 76; le diamètre de l'un des ballons est 0^m,34, celui de l'autre est 0^m,18. Ceci posé, on imagine que la température devient 30° et la pression 74. On demande s'il y a encore équilibre, et dans le cas contraire quel poids il faudra mettre et de quel côté pour le rétablir. $\alpha = 0,00367$. $a = 1^{gr},293$. K verre = $\frac{1}{[illegible]}$.

143. Sur l'un des plateaux d'une balance est placée une sphère creuse de verre dont le diamètre = 0^m,2 ; sur l'autre plateau est un poids de platine de 3 kilogr. (poids absolu) : la température est 0° et la pression 76. On demande si l'équilibre subsiste encore lorsque la température devient 30° et la pression 74. On déterminera, dans le cas contraire, quel poids il faudra mettre et de quel côté pour rétablir l'équilibre. D. platine à 0° = 22. K. platine = $\frac{1}{[illegible]}$. K. verre = $\frac{1}{[illegible]}$. $a = 1^{gr},293$.

144. Un récipient ayant une capacité de 10 litres renferme de l'air à la pression extérieure 76 ; ce récipient est fermé par une soupape dont la section est 32^cq et le poids 25^k. On demande quel poids d'air il faut injecter dans le récipient pour que la soupape se soulève. On suppose que la température est 30° et que le récipient est dans l'air, en sorte que la pression atmosphérique s'exerce librement sur toutes ses faces. D air $= \frac{1}{773}$ de celle de l'eau. $\alpha = 0,00367$. D. mercure = 13,598.

145. Combien de litres d'oxygène à 10° et à 760 peut-on extraire de 100^gr de chlorate de potasse. — Le chlorate de potasse donne les 0,375 de son poids d'oxygène. La densité de l'oxygène = 1,1056. $\alpha = 0,0367$.

146. Quel poids de vapeur d'eau faut-il décomposer par le fer chauffé au rouge pour obtenir l'hydrogène nécessaire au gonflement complet d'un ballon de la capacité de 500^mc, le gaz étant sec à la température de 20° et sous la pression de 770^mm. — Quel est le poids du fer qui aura été oxydé. — Quel est le poids de l'oxyde de fer produit.

$\alpha = 0,00367$. δ H. = 0,06926. Équivalent *Fe* = 28, Eq. H = 1, Eq. O = 8.

147. Quel est le poids de charbon qui peut être transformé en oxyde de carbone par l'oxygène contenu dans un kilogramme de sesquioxyde de fer. — Quel sera le volume de cet oxyde de carbone mesuré sec à 20° sous la pression 750.

Équivalents *Fe*, O, C valent : 28, 8, 6. $\alpha = 0,00367$. δ. CO = 0,967.

GAZ HUMIDES. — HYGROMÉTRIE.

148. On a 4^l,5 d'un gaz saturé d'humidité à 15° sous la pression 759. Que devient le volume de ce gaz desséché à 27° sous la pression 748 ? F à 15° = 12^mm,699. $\alpha = 0,00367$.

149. On a 3 litres d'air sec à 10° et à 75° de pression. Que deviendra le volume de cet air saturé d'humidité à 20° sous la pression 732 millim. ? F à 20° = 17^mm. $\alpha = 0,00367$.

150. On mélange 7^mc d'air saturé d'humidité à 25° et à 767 de pression avec 6me d'air saturé à 30° et à 752 de pression. Que deviendra le volume total également saturé à 50° sous la pression 644 ? F à 25° = 24^{mm}. F à 30° = 31^{mm}. F à 50° = 92^{mm}. α = 0,00367.

151. Deux litres d'air à demi saturé d'humidité à 30° et sous la pression 76 sont soumis à une pression de 304^{c}, la température ne changeant pas. Que devient leur volume ? F à 30° = 31^{mm},5.

152. Quel est le poids de 1 litre d'air saturé d'humidité à 60° et sous la pression 75 ? a = 1^{gr}, 293. α = 0,00367, δ vapeur d'eau = $\frac{5}{8}$. F à 60° = 149^{mm}.

153. Quel est le poids de 4 litres d'air humide à 30° et à 77 de pression, l'état hygrométrique étant égal à $^3/_4$? a = 1^{gr},293. α = 0,00367. δ vapeur d'eau = $^5/_8$. F à 30° = 31^{mm},5.

154. Quel est le poids de la vapeur d'eau renfermée dans 17 litres d'air saturé d'humidité à 30° ? a = 1^{gr},293. α = 0,00367. δ vapeur d'eau = $\frac{5}{8}$. F à 30° = 31^{mm},5.

155. Un ballon dont le volume = 12 litres à 0° renferme de l'hydrogène humide à 20° dont l'état hygrométrique = $\frac{3}{4}$ et la pression 770^{mm}. Calculer le poids du gaz et celui de la vapeur qu'il contient. K verre = $\frac{1}{38700}$. δ hydrogène = 0,069. δ vapeur d'eau = $\frac{5}{8}$. a = 1^{gr},293. α = 0,00367. F à 20° = 17^{mm},5.

156. Quelle perte de poids éprouve dans l'air humide un ballon de verre ayant pour volume 10 litres ? La température = 20° ; la pression = 78 ; l'état hygrométrique = $\frac{3}{4}$. a=1^{gr},293. α = 0,00367. δ vapeur d'eau = $\frac{5}{8}$. F à 20° = 17^{mm},4.

157. Combien de litres de vapeur à 100° et sous la pression 76 peut-on produire avec 3285 grammes d'eau ? a = 1^{gr},293. α = 0,00367. δ vapeur d'eau = $\frac{5}{8}$. F à 100° = 76.

158. On fait passer dans un tube en U rempli de ponce sulfurique 20 litres d'air saturé d'humidité à 20°. Déterminer l'accroissement de poids du tube en U. a = 1^{gr},293. α =0,00367. δ vapeur d'eau = $\frac{5}{8}$. F à 20° = 17^{mm},5.

159. Une chambre ayant la forme d'un parallélipipède rectangle dont les dimensions sont 6 mètres, 5 mètres et 2^{m},5, est remplie d'air humide ; la température $= 15^\circ$, la pression $= 76$, l'état hygrométrique $= \frac{1}{4}$. Quels sont les poids d'oxygène, d'azote et d'eau renfermés dans cette chambre ? $a = 1^{gr},293$. $\alpha = 0,00367$. δ oxygène $= 1,1056$. δ azote $= 0,9714$. δ vapeur d'eau $= 0,625$. F à $15^\circ = 13^{mm}$. On suppose que l'air renferme 21 p. 100 en volume d'oxygène et qu'il n'y a pas d'acide carbonique.

160. 10^{mc} d'air humide à 10° ont pour état hygrométrique 0,7. On demande le poids de la vapeur qu'ils contiennent et le volume que cette vapeur occuperait pure à 0° et sous la pression 76. $a = 1^{gr},293$. $\alpha = 0,00367$. δ vapeur d'eau $= 0,62$. F à $10^\circ = 9^{mm}$.

161. Le poids d'un certain volume d'air saturé d'humidité est $18^{gr},17$, la température est 20° et la pression $= 78^c$: quel est ce volume ? $a = 1^{gr},293$. $\alpha = 0,00367$. δ vapeur d'eau $= \frac{5}{8}$. F à $20^\circ = 17^{mm},7$.

162. Un certain volume d'air saturé à 19° et à 78 de pression pèse 20^{gr} : quel serait à 0° et sous la pression 76 le poids d'un égal volume d'air sec ? $a = 1^{gr},293$. $\alpha = 0,00367$. δ vapeur d'eau $= \frac{5}{8}$. F à $19^\circ = 17^{mm},39$.

163. Calculer le volume d'une masse d'air dont l'état hygrométrique est 0,8 et la température 20°, sachant qu'elle contient 1 kilogr. de vapeur d'eau. $a = 1^{gr},293$. $\alpha = 0,00367$. δ vapeur d'eau $= \frac{5}{8}$. F à $20^\circ = 17^{mm},39$.

164. On a 4 litres d'air sec à 20° et à 77 de pression ; on y fait arriver de la vapeur d'eau jusqu'à ce que l'état hygrométrique $= \frac{3}{4}$, la température restant constante ainsi que la pression ; on demande ce que deviendra le volume du mélange gazeux et quel sera son poids. $a = 1^{gr},293$. $\alpha = 0,00367$. δ vapeur d'eau $= \frac{5}{8}$. F à $20^\circ = 17^{mm},39$.

165. On a 3 litres d'air humide à 30° et 76 de pression ; l'état hygrométrique est $\frac{4}{5}$. On agite cet air avec de l'acide sulfurique concentré et l'on demande ce que sera devenu ensuite le volume de l'air mesuré à la même température et sous la même pression. Déterminer en outre la quantité dont s'est accru le poids de l'acide sulfurique. $a = 1^{gr},293$. $\alpha = 0,00367$. δ vapeur d'eau $= \frac{5}{8}$. F à $30^\circ = 31^{mm},5$.

166. Dans un récipient contenant un mètre cube d'air sec à 10° on fait arriver 2 gram. de vapeur d'eau : quelle tension prendra cette vapeur? $a = 1^{gr},293$. $\alpha = 0,00367$. δ vapeur d'eau $= \frac{5}{8}$.

167. Combien de litres d'hydrogène peut-on obtenir avec $7^k,250$ de zinc, le gaz étant mesuré sur l'eau à 25° sous la pression 756? $a = 1^{gr},293$. $\alpha = 0,00367$. δ vapeur d'eau $= \frac{5}{8}$. δ hydrogène $= 0,069$. F à 25° $= 23^m,7$. Équivalent hydrogène $= 1$. Équivalent zinc $= 32$.

168. Combien de grammes d'eau faudrait-il décomposer par le fer au rouge pour remplir d'hydrogène saturé d'humidité à 10° et à 730 de pression un ballon sphérique ayant 2^m de diamètre.

L'eau donne 1/9 de son poids d'hydrogène. δ. H $= 0,0692$. F à 10° $= 0^m,0095$.

169. Combien faut-il mettre de fer dans des tonneaux contenant de l'acide sulfurique étendu d'eau pour obtenir 100^{mc} d'hydrogène saturé d'humidité à la température de 10° et sous la pression 760,16.

Équivalent $Fe = 28$. Éq. O $= 8$. Éq. H $= 1$. $\alpha = 0,00367$. δ. H $= 0,06926$. $F_{10} = 9^{mm},16$.

170. Quel poids de carbonate de chaux faut-il décomposer par l'acide sulfurique pour obtenir l'acide carbonique nécessaire à la préparation de 100 litres d'eau de seltz saturés à 15° sous la pression de 6 atm. — L'eau dissout son volume d'acide carbonique à 15° et sous la pression de 6 atm. — δ $CO^2 = 1,529$. $\alpha = 0,00367$.

Équivalent $Ca = 20$. Éq. O $= 8$. Éq. C $= 6$.

171. La densité de l'éther liquide à 0° est 0,715, celle de l'éther gazeux rapporté à l'air est 2,5. Ceci posé, on demande quelle épaisseur doit avoir à 0° une couche cylindrique d'éther pour que transformée en vapeur à 38° dans un tube de même section et de 1^m de long, elle donne une vapeur ayant une pression égale à $0^m,70$. $a = 1,293$. $\alpha = 0,00367$. L'éther bout à 36°

172. A 0° une auge de forme cylindrique a une base égale à 1 décim. quarré et une hauteur de $0^m,002$ (dimensions prises à l'intérieur) : elle est pleine d'éther dont la densité est 0,715.

On le verse dans un tube cylindrique à 38° renfermant de l'air à 0,08 de pression. La base du tube = 1 décim. quarré et la hauteur = 1^{m}. Que deviendra la pression intérieure. a=1,293. δ. vapeur éther = 2,5. α = 0,00367. L'éther bout à 36°.

CALORIMÉTRIE.

173. On mélange 1 kilogr. d'eau liquide à 0° avec un kilogr. d'un autre liquide à 100° ; la température finale est 3° : on demande la capacité calorifique du liquide par rapport à l'eau.

174 Un vase de laiton pesant 30 gram. renferme 500 gram. d'eau à 20° ; on y plonge 100 gram. d'un métal à 100° et la température finale est 21°,815 : déduire de ces données la chaleur spécifique du métal. C. laiton = 0,0939.

175. Dans un vase de cuivre pesant 100 gram. et contenant 500 gr. d'eau à 10°, on place un morceau de cuivre pesant 400^{gr}; la température finale est 25° : déterminer la température initiale du morceau de cuivre. C cuivre = 0,1.

176. Un vase de laiton pesant 30 gram. renferme un certain poids d'eau à 20° ; on y plonge 40 gram. de fer à 100° et la température finale est 20°,716 : trouver le poids de l'eau. C. laiton = 0,0939. C. fer = 0,1137.

177. Quel poids d'or à 45° faut-il pour élever 241^{gr},52 d'eau de 12° à 15° ? C. or = 0,03.

178. On mélange 15^{k} de mercure à 65°,2 avec 40^{k},1 d'eau à 3°,4. Quelle sera la température finale ? L'eau est contenue dans un vase pesant 758 gram. et ayant $\frac{1}{11}$ pour chaleur spécifique. On suppose C. mercure = 0,03.

179. Une sphère de platine de 0^{m},05 de rayon à 100° est plongée à cette température dans 4 litres d'eau à 4° ; déterminer la température finale. D. platine à 0° = 22. C. platine = 0,03. K platine = 0,000026.

180. Une sphère de platine dont le rayon = 15^{mm} est chauffée dans un fourneau dont on veut déterminer la température ; on le plonge dans un vase de cuivre pesant 150 gram. et contenant 1200^{cc} d'eau à 10°, la température finale est 20° : déterminer la température initiale du platine. D. platine à 0° = 22. C platine = 0,035. C cuivre = 0,095.

181. Quelle élévation de température obtient-on en mettant 12^{k},58 de cuivre à 88°,17 dans 40^{k},12 d'eau à 13°,18 renfermés dans un vase pesant 452 gram. ? C. vase = 0,12. C. cuivre = 0,095.

182. Deux anneaux du même métal pèsent l'un 300 gram., l'autre 500 gram. ; on les chauffe à une température inconnue x et on les plonge, le 1er dans 940^{gr},8 d'eau à 10°, le second dans 776 gram. d'eau à 10° ; on trouve pour températures finales 20° et 30° : déterminer x ainsi que la chaleur spécifique du métal dont sont formés les anneaux.

183. Dans un vase de laiton pesant 50 gram., on met deux morceaux d'un métal parfaitement égaux entre eux ; on chauffe le tout à 100° et on le plonge dans un calorimètre de laiton pesant 50 gram. et renfermant 1 kilogr. d'eau à 17°,821 : la température finale est 20°. On recommence ensuite l'expérience en n'employant qu'un seul des deux morceaux, la température initiale du calorimètre et de l'eau étant toujours 17°,821, et le poids de l'eau 1 kilogr. Déterminer la température finale de cette nouvelle expérience. C. laiton = 0,094.

184. Un mélange de sulfure de cuivre et de sulfure d'argent pèse 5 kilogr. ; on le porte à 40° et on le plonge dans 6 kilogr. d'eau à 7°,669 : la température finale = 10°. Quels sont les poids des deux corps contenus dans le mélange ? C. sulfure cuivre = 0,1212. C. sulfure argent = 0,0746.

185. Dans quelle proportion faut-il mélanger de l'eau à 10° et à 91° centigrades pour avoir un bain à 86° Fahrenheit ?

186. Quel est le volume du cuivre à 100° qu'il faut mettre dans 1 kilogr. d'eau à 4° pour la température finale soit 10° ? C. cuivre = 0,095. λ cuivre = $\frac{1}{5818}$. D. cuivre à 0° = 8,87.

187. On verse 3 litres d'eau à 30° dans un vase hémisphérique en cuivre à 0° ayant 3 litres de capacité ; la température finale est 27° : déterminer ce qu'est à 0° l'épaisseur de la paroi du vase. D. cuivre à 0° = 8,8. D. eau à 30° = 0,9957. C. cuivre = 0.095.

188. Un morceau de fer pesant 870 gram. est recouvert d'une couche de glace à 0° ; on plonge le tout dans 1 litre d'eau à 20° et la température finale est 6°. Quel est le poids de la glace ? C. fer = 0,1138. C_l glace = 79,25.

189. Combien faut-il d'eau à 50° pour fondre un décimètre cube de glace à 0° ? D. glace = 0,9. C_l glace = 79.

190. On met 7^k,250 de glace à 0° dans 45 kilogr. d'eau à 28°,5 contenus dans un vase de cuivre pesant 2^k,538 : déterminer la température finale. C. cuivre = 0,1. C_l glace = 79.

191. Un cylindre dont le rayon de base = 0^m,1 et la hauteur = 0^m,25, est rempli de glace à 0° ; on mélange cette glace avec 12 litres d'eau à 90° ; trouver la température du mélange après la fusion de la glace. D. glace = 0,93. D. eau à 90° = 0,95. C_l glace = 79.

192. La terre étant recouverte d'une couche de neige à 0° de 0^m,2 d'épaisseur, calculer l'épaisseur de la couche de pluie tombant à 12°,5 qui serait nécessaire pour fondre la neige. D. neige = 0,78, C_l neige = 79.

193. Combien faut-il de vapeur d'eau à 100° pour élever de 12° à 25°,50 kilogr. d'eau renfermés dans un vase métallique pesant 1^k,25 et dont la chaleur spécifique = $\frac{1}{760}$. C_v vapeur d'eau = 540.

194. On fait passer 35^k,768 de vapeur d'eau à 147° dans 2727^k d'eau à 15°,7 contenus dans un vase de cuivre pesant 125^k ; déterminer la température finale. C. cuivre = 0,09. C_v vapeur d'eau = 537.

195. On fait arriver 5 kilogr. de vapeur d'eau à 100° et à 76 de pression dans une masse d'eau ; la température de cette eau s'élève de 25° : quel est son poids. C_v eau = 555.

196. Dans une machine, la température de la vapeur est 140°, celle de l'eau du condensateur est 14° ; la température après condensation = 38°. Quel est le poids d'eau nécessaire pour condenser un poids p donné de vapeur ? C_v vapeur d'eau = 537.

197. Une machine de Newcomen donne 20 coups de piston par minute ; le corps de pompe a 1^m,20 de hauteur et le piston

0m,80 de diamètre. Combien faut-il d'eau froide par heure pour condenser la vapeur à 100° qui est sous le piston ? L'eau injectée est à 12° et sort à 32°. D. vapeur = 0,0006. C_v vapeur d'eau = 537.

198. Combien faut-il de glace pour amener à 0° liquide 1 kilogramme de vapeur d'eau à 100° ? C_f glace = 79. C_v vapeur d'eau = 537.

199. Une couche de neige à 0° a 0m,01 d'épaisseur : combien doit-elle recevoir d'unités de chaleur solaire par mètre carré de surface pour passer à l'état de vapeur d'eau à 15° ? D. neige = 0,78. C_f neige = 79. C_v vapeur d'eau = 537.

200. Dans quelle proportion faut-il partager 1 kilogr. d'eau à 50° pour que la chaleur que l'une de ses parties abandonnerait en passant à l'état de glace à 0° fût suffisante pour transformer l'autre en vapeur à 100° sous la pression 760. C_f glace = 79,25. C_v eau = 535.

201. On sait que dans des conditions convenablement choisies un corps peut rester liquide à des températures inférieures à celle de la solidification normale. Ceci posé, on demande de combien de degrés au-dessous du point de sa fusion il faut refroidir le phosphore liquide pour que par sa solidification brusque et complète, il remonte au point de sa fusion. C_f = 5,4. C. = 0,2.

202. On abaisse du phosphore liquide jusqu'à la température de 30°. A ce moment on y détermine un commencement de solidification. On demande si la solidification sera complète. Si elle ne l'est pas, on demande quelle sera la portion du poids total qui se solidifiera. Le phosphore fond à 44°,2. C_f = 5,4. C. = 0,2.

ACOUSTIQUE.

203. Deux cordes, l'une en fer, l'autre en cuivre, de même longueur et tendues également donnent la même note lorsqu'on les fait vibrer transversalement. Quel est le rapport de leurs diamètres ? D. fer = 7,8. D. cuivre = 8,9.

204. Deux cordes de même longueur et de même nature ont des sections respectivement égales à 1 et 4 millimètres carrés, la plus mince est tendue par un poids de 1 kilogr. : avec quel poids faut-il tendre la seconde pour qu'elle rende un son : 1° à l'unisson ; 2° à l'octave aiguë de celui rendu par la 1re.

205. On a deux cordes de même diamètre et de même nature ; la longueur de la 1re est 1[m], celle de la seconde 2[m] ; la 1re étant tendue par un poids de 1[k], on demande quel doit être le poids qui tendra l'autre pour qu'elle soit : 1° à l'unisson ; 2° à l'octave aiguë ; 3° à la quinte de l'octave aiguë du son rendu par la 1re.

206. Une corde tendue par un poids de 15 kilog. rend un certain son : quelle devrait être la tension pour que cette corde rendît la tierce majeure du son qu'elle rendait d'abord ?

207. Une corde de 1[m] de longueur et de tension invariable rend un son correspondant à 261 vibrations par seconde ; on la divise au moyen de deux chevalets en trois parties telles que la plus longue rend l'octave aiguë du son primitif et la seconde la quinte de cette octave : quel est le rapport du son rendu par la 3e partie à celui de la corde entière, et quelles sont les positions des deux chevalets ?

OPTIQUE.

208. Un corps opaque est éclairé par une bougie et par une lampe ; les ombres portées par ce corps sur un écran ont la même intensité : déterminer le rapport des intensités des deux lumières sachant que la distance à l'écran est pour la bougie 1[m] et pour la lampe 2[m],50.

209. Une lampe et une bougie sont distantes de 4[m],15 ; leurs intensités sont dans le rapport de 6 à 1 : à quelle distance de la bougie doit-on placer un écran sur la ligne qui joint les deux lumières pour qu'il soit également éclairé ?

210. Un miroir plan mobile autour d'un axe vertical reçoit un rayon horizontal fixe ; si le miroir vient à tourner d'un angle donné α, quel est l'angle dont aura tourné en même temps le rayon réfléchi ?

211. Un rayon lumineux passe du vide dans l'eau. Calculer le maximum de l'angle de réfraction sachant que l'indice de réfraction pour le cas actuel est 1,366.

212. Un miroir sphérique concave dont le rayon = 1m,26 est placé à 0m,75 d'un objet linéaire de 0m,05 de longueur : à quelle distance du miroir se formera l'image et quelle sera sa longueur?

213. Deux miroirs sphériques, l'un concave et l'autre convexe, ont chacun un mètre de rayon. On présente une bougie successivement devant eux à 2 mètres de distance sur l'axe. Quels effets observe-t-on?

214. Ayant placé la flamme d'une bougie sur l'axe d'un miroir sphérique concave, à une distance de 1m,54, l'image s'est formée à 0m,45 du miroir : quel est le rayon de ce miroir?

215. Le rayon d'un miroir sphérique convexe est 1m,5 et un objet en est à 1 mètre. Déterminer : 1° à quelle distance en est son image ; 2° quel sera le changement de distance si l'objet s'éloigne de 3 mètres ; comment variera la grandeur de l'image lorsque l'objet se déplace?

216. Devant une lentille convergente de 0m,25 de distance focale, on place un objet de 1m,50 de hauteur. A quelle distance de la lentille faut-il placer un écran pour que l'image vienne s'y former avec une hauteur de 0m,05?

217. Avec une lentille convergente de 0m,30 de foyer, on veut projeter sur un écran l'image d'un objet de telle sorte qu'elle soit 10 fois plus grande que l'objet : à quelle distance de l'écran faut-il placer la lentille et l'objet?

218. Un objet linéaire de 0m,03 de hauteur est placé à 2 mètres d'une lentille convergente qui en donne une image réelle de même hauteur que l'objet. A quelle distance de la lentille faut-il placer l'objet pour que son image réelle ait 0m,20 de hauteur?

219. Un objet linéaire de 0m,01 de longueur est placé perpendiculairement à l'axe d'une lentille convergente et à une distance de 0m,30 de son centre optique. L'image est virtuelle et a 0m,1 de longueur. Quelle est la distance du foyer de la lentille à son centre optique?

220. A quelle distance d'une loupe de 1 mètre de foyer faut-il placer un objet de 0m,003 pour que son image virtuelle se forme à 0m,30 de la loupe. Quelle sera la grandeur de cette image?

SOLUTIONS NUMÉRIQUES

1. $68^{m},661$.

2. 6934^{m}.

3. $0^{m},9938$.

4. $\frac{g'}{g} = \frac{l'}{l} = \frac{6561^2}{6400^2}$.

5. $0^{m},449$, $0^{m},551$.

6. 1^{l} et 2^{l}.

7. 654^{gr}.

8. $919^{cc},234$.

9. $0^{m},0112$. $0^{m},030$.

10. $732^{cq},53$.

11. 4157^{cc}.

12. 24888^{l}.

13. 1,1056.

14. 98^{k}.

15. $0^{m},727$.

16. $13^{k},333$.

17. $2833^{k},333$.

18. $3^{mm},67$.

19. $9^{k},800$.

20. $18^{k},980$.

21. $0^{m},1256$. $0^{m},0091$.
$0^{m},0698$. $0^{m},1396$.

22. $27^{m},239$.

23 $0^{c},93$.

24. 195^{gr} et 105^{gr}.

25. Ag. 112^{k}. Cu. 36^{k}.

26. $0^{m},024$.

27. $0^{m},10$.

28. $0^{m},0284$.

29. $0^{m},025$. $0^{m},022$.

30. 0,8529.

31. 0,311.

32. 22,07. 0,79.

33. 6^{cc}. 5,333. 1,333.

34. 1,92.

35. 0,24.

36. 0,714. 1,25.

37. 2,44.

38. $2065^{k},680$.

39. 24,6.

40. $5^{atm},9474$.

41. 202°. 187°,33.

42. 764^{mm}.

43. 40°.

44. 0^{m},07.

45. 0^{m},068.

46. 833^{cc}.

47. 471°,42.

48. 0^{m},0774.

49. 0^{m},01.

50. 0^{m},39.

51. 323,6.

52. 30°,12.

53. 6^{l},878. 499^{mm}. 13^{l},122.

54. 0^{gr},782.

55. 7^{gr},553.

56. 47.

57. 19.

58. 0,2616.

59. 200^{cc}.

60. 74.

61. 8^{atm} 1/2.

62. 3551^{gr},46.

63. 8798^{k},707.

64. 849^{cc}. 1,83.

65. 0^{gr},765. 0^{gr},052.

66. 0^{l},043.

67. 785^{cc}.

68. 0,9987.

69. 385^{mm},6.

70. 930^{k},4.

71. 0^{mm},085.

72. — 21°,111.

73. 60°,444.

74. — 40°.

75. 93^{m},4.

76. 0,000526.

77. 1^{m},307.

78. 1^{m},2023.

79. 2^{m},3146.

80. 1^{m} et 2^{m}.

81. 0^{m},0025.

82. 0^{m},001.

83. 0^{dq},0314.

84. 1^{mc},096.

85. 998^{cc},191. 1001^{cc},090.

86. 0^{m},4843. 0^{m},485.

87. 34^{gr},4.

88. 60^{k},525.

89. 11337^{k},190. 16746^{dc}. 16781^{dc}.

90. 616°.

91. 38,4502. 38,4871. 38,5631.

92. 0^{m},00136.

93. 4^{l},475. 4^{l},462.

94. 0,00263.

95. 3^{mm}.

96. 10^{m},3.

97. 341°.

98. 61,4.

99. 3725^{gr}.

100. 131^{fr}.
101. 100°.
102. 45^{fr},48.
103. 8,8855.
104. 83^{cc},29.
105. 47^{fr},977.
106. 7^{k},703.
107. 1960^{fr},549.
108. 10^{m},54.
109. 0^{fr},210.
110. 1,0099.
111. 17^{mm},83.
112. $40^{atm.}$,3.
113. 15^{k},395.
114. 13^{cc},938.
115. 51^{mc},531.
116. 2^{l},671.
117. 118,639.
118. 0^{l},342.
119. 409^{dc},924.
120. 0,00368.
121. 1^{l},058.
122. 0^{fr},004837. 18^{mm},17.
123. 1137^{fr}.
124. 8^{fr},106.
125. 0^{fr},476.
126. 1210^{fr},50.
127. $\frac{1079}{971}$.
128. 3131°,8.
129. 544°,96.
130. 149°.
131. 50°.
132. 42°.
133. 2^{l},901. 3^{fr},751.
134. 2^{fr},678.
135. 0^{fr},739.
136. 103^{mm},6.
137. 1^{fr},691.
138. 809^{mm}.
139. 153^{mm}. 133^{mm}.
140. 1^{m},355.
141. 16^{fr},1.
142. 2^{fr},77.
143. 0^{fr},64.
144. 8^{fr},8.
145. 28^{l},4.
146. 380^{k},367. 887^{k},523. 1225^{k},627.
147. 225^{fr}. 456^{l},718.
148. 4^{l},677.
149. 3^{l},258.
150. 18^{l},569.
151. 0^{l},494.
152. 0^{fr},968.
153. 4^{fr},66.
154. 0^{fr},51.
155. 0^{fr},093. 0^{fr},156.
156. 12^{fr},201.
157. 5556^{l},8.
158. 0^{fr},35.

159. $21^{k},066$. $69^{k},631$. $0^{k},737$.

160. $64^{gr},618$. $109^{l},305$.

161. $14^{l},81$.

162. $21^{gr},02$.

163. 725611^{l}.

164. $4^{l},069$. $4^{gr},934$.

165. $2^{l},906$. $0^{gr},066$.

166. $19^{mm},5$.

167. 2877^{l}.

168. 2385^{gr}.

169. $241^{k},872$.

170. 2555^{gr}.

171. $3^{mm},7$.

172. $46^{c},3$.

173. 0,0309.

174. 0,1167.

175. $210^{0},25$.

176. $500^{gr},79$.

177. 805^{gr}.

178. 4°.

179. $11^{0},6$.

180. 1135°.

181. $2^{o},16$.

182. 1000°. $c = 0,032$.

183. $19^{0},115$.

184. 2^{k} et 3^{k}.

185. [illegible].

186. $79^{cc},523$.

187. $4^{mm},77$.

188. $157^{gr},25$

189. 1422^{gr}.

190. $13^{o},79$.

191. 24°.

192. $9^{décim},859$.

193. $1^{k},057$.

194. $24^{o},3$.

195. Indétermination.

196. $26,625 \times p$.

197. $13137^{k},418$.

198. $8^{k},063$.

199. 4921,8.

200. $\frac{x}{y} = 4,53$.

201. 27^{0}.

202. 0,5259.

203. 1,068.

204. 4^{k}. 16^{k}.

205 4^{k}. 16^{k}. 36^{k}.

206. $23^{k},437$.

207. Rapp. = 6. parties de la corde $\frac{1}{[illegible]}$, $\frac{1}{[illegible]}$, $\frac{1}{[illegible]}$.

208. $\frac{1}{6,25}$.

209. $1^{m},203$.

210. 2α.

211. $47^{o}\ 3'\ 35''$.

212. $3^{m},94$. $26^{cm},25$.

214. $0^{m},686$.

215. $0^{m},429$. $0^{m},632$.

216. $0^{m},26$.

217. 3,30. $3^{m},63$.

218. $1^{m},10$.

219. $0^{m},333$.

220. $0^{m},23$. $0^{m},3$.

TABLE DES MATIÈRES

FIN DE LA TABLE

2949-92. — CORBEIL. Imprimerie CRÉTÉ.

www.ingramcontent.com/pod-product-compliance
Ingram Content Group UK Ltd.
Pitfield, Milton Keynes, MK11 3LW, UK
UKHW020405230726
13925UKWH00003B/1265